# 里山の山菜・木の実
## ハンドブック

NHK出版

## はじめに

　里山とは、人里の集落とそれをとりまく田畑や雑木林、ため池、ススキ原といった半人為的な自然環境を、ひとつながりの生態系としてとらえた概念です。里山は人と密接に関わり合い、人に利用されることで保たれてきました。

　里山は、人が直接、自然の恵みを受ける場でもありました。その代表が山菜と木の実です。人々は野生植物の毒やアクやとげを克服して安全に食べるために、長年の知恵と技術を集積し、地域独特の食文化として受け継いできました。

　今は、新鮮な野菜や果実が一年中スーパーに並び、野山で食糧を調達する必要はもうありません。それでも、太陽の光を浴びて育った旬の山菜には、市販の野菜にはない、独特の香りやうまみがあります。料理に残る苦みやアクも、逆にそれが素材の個性を際立たせ、やみつきになるから不思議です。そのままでは渋くてまずいだけの木の実も、リカーに浸けて、一、二年待てば、驚くほど芳醇な香りと色と味わいの個性的な果実酒に生まれ変わります。そうと知らずに食べていた山菜や木の実から、人の健康や生活に役立つ化学成分も次々に発見されています。野生の植物には多くの可能性が秘められているのです。

　私も山菜や木の実が大好きです。食べる瞬間を想像しながら楽しく摘み、おいしく食べながら摘んだときのことを思い出します。二つの楽しみの間にも楽しみがあります。子どもたちと競争で摘んだツクシの山の前で、何気ない会話を交わしながら夜なべではかまを取ったりしていると、なんだか縄文人の一家みたいで、ああ、そうか、家族の団欒の原点はこんなところにあるんだな、などとも思います。

　里山は、大人も子どもも気軽に楽しく歩けます。山菜や木の実を見つけたら、この本で確認して、摘んでみてください。食べる分だけ少し摘めば、準備も料理も手軽です。夕食にちょっと一品、山菜料理が加わるだけで、食卓も会話も華やぎます。蔵出しの果実酒も加われば、もう最高！　地元の郷土料理もぜひ味わってください。

　では、里山に出かけましょう！　あ、そうそう。料理をおいしくする魔法のスパイスがありました！　「遊び心」です。今日の食卓にたっぷりかけて、召し上がってくださいね。

＊本書の監修にあたり、内容が科学的に正確で資料性が高く、読めば生活が豊かになる図鑑を目標としました。ことに留意したのは「食の安全」です。よく注意して安全に、でも過度には恐れずよく調べて経験を重ね、野山の恵みを楽しく味わってください。

多田　多恵子

# 目 次

| | |
|---|---|
| 4 | 本書の構成・使い方・採取時の注意／凡例 |

## 春

| | |
|---|---|
| 6 | 春 |
| 8 | 人里や野原 |
| 19 | Column 草を搗きこむ |
| 51 | Column 山菜のアク抜き |
| 54 | 山や雑木林 |
| 71 | Column 消えゆく野花 |
| 74 | 樹木 |

## 夏

| | |
|---|---|
| 86 | 夏 |
| 88 | 人里や野原 |
| 102 | 山や雑木林 |
| 106 | 樹木 |
| 122 | Column キイチゴの仲間 |
| 124 | Column 包む植物 |
| 126 | Column お茶になる植物 |

## 秋

| | |
|---|---|
| 128 | 秋 |
| 130 | 人里や野原 |
| 138 | 山や雑木林 |
| 142 | 樹木 |
| 160 | Column リキュールに利用する |
| 174 | Column 里に残された果樹 |

## 海辺

| | |
|---|---|
| 176 | 海辺 |

## 有毒種

| | |
|---|---|
| 188 | 有毒種 |
| 193 | Column 毒と薬と美女 |
| 236 | Column 有毒な園芸植物 |

| | |
|---|---|
| 238 | 里山の山菜と木の実を楽しむ |
| 241 | 植物の主なつくりと各部の名称 |
| 244 | 主な用語解説 |
| 246 | 植物名索引 |

## 本書の構成・使い方・採取時の注意／凡例

### 章立てについて

　本書では、里山で見られる主な山菜・木の実を主体に約290種紹介しています。

　山菜・木の実を採りに出かけた際に見つけた植物を判別しやすいように、「春」「夏」「秋」「海辺」の4つの章と「有毒種」の章に分けて植物を紹介しました。

　「春」「夏」「秋」の3章では、草本類は生育環境別に「人里や野原」「山や雑木林」にカテゴリー分けし、木本類は一括して「樹木」のカテゴリーで紹介しています。なお、カテゴリー「山や雑木林」の「山」は、低山を想定しています。「海辺」の章で紹介した種類は、いずれも草本類です。

### 掲載写真、本文の内容について

　本書では、植物の判別に役立つように、採取時期の写真と共に、花や種子、根茎などの部位の写真、近縁種の写真も掲載しています。また、山菜・木の実を採取したら、調理をして食べるのは大きな楽しみです。いろいろな料理の写真も掲載しています。

　本文では、植物の生態や特徴、判別するポイントの他、名前の由来や人との関わりなど、幅広い内容を紹介しています。料理の写真と共に、料理法も解説しています。また、希少になりつつある種類も紹介していますが、資源保護の立場から、本書を参考にしてそうした種類の採取は控えてください。

　なお、食べられる種類として紹介した山菜・木の実でも、食べる際に注意が必要な種類は、個々の解説文の中で紹介しています。

　和名や別名など名前の由来につきましては、巻末に記載した図書・文献を参考にしました。また本書の分類は、現在、分類学の主流となりつつある、DNA配列を元にしたAPG分類体系（APG Ⅲ）を採用しています。

### 有毒種について

　植物には有毒な種類があります。美しい花を観賞している植物の中にも有毒種があります。本書では、「有毒種」の章を設け、種類ごとにその特徴、間違えやすい山菜・木の実との見分け方、誤って食べたり身体と接触した場合に起こる中毒症状を解説しています。

　山菜・木の実を採取する際は、本書を参考に有毒種には十分な注意を払ってください。判別に自信がない場合は、絶対に食べないでください。採取経験者でもご自分の知識を過信せず、慎重に調べてから食べてください。有毒種には、口に入れないようにすれば問題ない植物と、接触するだけで身

体に異変を生ずる植物があります。
　なお、厚生労働省では、有毒植物、山菜採りの注意点をウェブページ上で公開しています。厚生労働省のURLは、255ページに掲載しています。

## 放射性物質による汚染について

　原子力発電所事故により、大気中や海に大量に漏れ出した放射性物質の影響で、一部の地域で山菜から人体に大変有害な放射性物質が検出されています。厚生労働省も注意をよびかけています。山菜採取に出かける際は、放射性物質のモニタリング検査結果や各種制限などの情報を確認、または最寄りの市町村に安全性を問い合わせるなど、十分な注意を払ってください。

## 凡例

小さな写真は、その植物のいろいろな部位のアップや、別の季節の姿などの写真です。

メインで紹介した植物に近縁の種類の写真です。

料理例の写真です。

**分類・植物名**
原則として、科名・属名・学名・種名（和名）・漢字名・別名を表記しました。科名の後に、括弧で囲った科名を表記しているのは、植物の構造を元にした、エングラーの分類体系の科名です。

**植物の基本的データ**
採取期、日本での分布域、生活型（一年草、多年草など）、平均的な花期（花をつける時期）をアイコンで表記しています。基本データに掲載された🌿は採取期、📍は分布、✚は生活型、🌸は平均的な花期を表します。メインの植物とサブの植物の基本的データを記載した色アミの色は、両者で違えています。

**章と見出し**
「春」「夏」「秋」「海辺」「有毒種」の各章を色分けし、また、「人里や野原」「山や雑木林」の生育環境、「樹木」の見出しも色分けしています。

5

　いよいよ山菜採りシーズンの幕開け。春は名のみの肌寒い風を受けながらも、心躍らせて摘み採るタラノメやコシアブラ。子供の頃の思い出をよみがえらせてくれる土筆んぼ。春の香りをテーブルに漂わせてくれる嫁菜飯。両手いっぱいに採ったヨモギで作る草餅……。
　陽光の恵みをいっぱいに受けた畦や野原で、山菜たちはしなやかな若芽を伸ばしています。おいしい山菜ですが、すべての食べ物と同様に食べすぎは禁物。お腹をこわす原因となります。

炊き上げてうすき緑や嫁菜飯　杉田久女

セリ科 セリ属

# セリ

*Oenanthe javanica*

芹

🍃 春　🐾 日本全土　✦ 多年草
✿ 7〜8月

　春の七草の一つ。数少ない日本原産の野菜の一つで、爽やかな香りとしゃきしゃきした歯ごたえがあり、古くから各地で栽培されてきた。野生のものは、日当りのよい水田や溝などの湿地に生え、根際から長く這う走出枝を伸ばしてふえる。夏には高さ20〜50cmに育って複散形花序を出し、白い小花を多数つける。群生するさまが、競り合っているようなのでこの名がついたという。葉は1〜2回3出羽状複葉で小葉は卵形、粗い鋸歯がある。裂けた葉はキンポウゲ科の有毒植物のウマノアシガタ（p.200）やキツネノボタン（p.201）、タガラシ（p.202）に少し似るが、セリはちぎると独特の香りがあるので識別できる。また、山の水辺や湿原には猛毒のドクゼリ（p.190）が見られるが、セリの根は白いひげ根状なのに対し、ドクゼリの根茎は太い

春 / 人里や野原

▲田んぼのセリ。集めるのは大変だが香り高い

▲セリの花。花が咲く頃には葉も茎もかたくなってしまって食べられない

調理例

セリの胡麻和え。胡麻の香りとよく合う

タケノコ状なのが識別ポイント。
〈採取法〉やわらかな茎や葉や根を食べる。冬の田に張りつくように生えたもの（田ゼリ）は土にナイフを差し込んで刈り採る。水中で背が高く育ったもの（水ゼリ）は株ごと引き抜く。
〈料理法〉よく洗いゴミを除く。おひたしや和え物には熱湯で茹で、しなっとしたらすぐに引き上げて水にさらす。茹で過ぎは禁物。汁物や鍋の具材にも向き、秋田名物のきりたんぽ鍋には田ゼリの存在が欠かせない。根はキンピラに。

▲有毒植物のドクゼリの根茎は太く、大きい

スイカズラ科（オミナエシ科）ノヂシャ属

# ノヂシャ
*Valerianella locusta*

**野萵苣**　別名 マーシュ・コーンサラダ

- 🌿 冬〜春
- ✚ 越年草
- 📍 日本各地（帰化植物）
- 🌸 5〜6月

ハーブとして栽培・市販もされる越年草。ヨーロッパ原産の畑雑草で、現在は、世界各国に帰化して農耕地の道端などに群生する。チシャはレタスのこと。くせがなくてほのかに香り、欧米では古くから食用とされた。グリム童話の「ラプンツェル」で魔女が栽培していたのも本種という。全体にやわらかく、茎は高さ10〜30cmになる。葉は長さ2〜4cmのへら形で縁が波打ち、基部は茎を抱いて対生する。

〈採取法〉冬のロゼットのほか、春のやわらかな葉や蕾を摘む。

〈料理法〉サラダ、おひたし、和え物。

▲直径約2mmの淡青色の花が丸く集まる

スイカズラ科（オミナエシ科）オミナエシ属

# オトコエシ

*Patrinia villosa*

男郎花　別名 チメクサ・トチナ

- 春～秋
- 北海道～九州
- 多年草
- 8～10月

　花が黄色のオミナエシを女性にたとえるのに対し、全体にごつくて毛深いので名に男とついた。ポピュラーな山菜ではないが、古くから薬草とされ、飢饉の際などは食用とした。野山の草地や道端に生える。茎は直立して高さ0.6～1mになり、根元から走出枝を伸ばし、その先にロゼット状の子苗を

▲走出枝の先端に新しいロゼットを作る

作ってふえる。漢名は「敗醤」で、乾くと腐った醤油のような悪臭を放つ。

〈採取法〉ロゼットや若い枝先を採る。

〈料理法〉時間がたつと悪臭が増すのですぐに茹でる。おひたし、和え物（味噌、胡麻、ナッツ類）、天ぷら。

キク科 ヨモギ属

# ヨモギ

*Artemisia indica var. maximowiczii*

蓬　別名 モチグサ・モグサ・フーチバー

🍃 早春〜夏　🗾 本州〜九州・沖縄・小笠原
✤ 多年草　❀ 9〜10月

　草餅や草団子の原料。白い綿毛をまとった若葉はよい香りがあり、ビタミン類やミネラルなどを豊富に含んで栄養価も高い。古くから薬草として利用されて数々の薬効があり、薬膳料理にも利用される。沖縄ではフーチバーとよび、肉のにおい消しも兼ねた香味野菜として肉そばや山羊汁、雑炊などに入れる。昔は乾かした葉を揉んで綿毛を集め、「もぐさ」として灸に用いた。

　小倉百人一首の「さしもぐさ」もヨモギのことである。入浴剤にも利用でき、端午の節句にはショウブの葉と共に枝を束ねて浴湯に入れ、邪気を払う。明るい野原や道端に多く、都会でもふつうに見かける。葉は互生して羽状に深く裂け、裏面に白い綿毛が密生する。茎は直立して秋には高さ0.5〜1mとなり、茶色く目立たない頭花を多数つける。地下茎を伸ばしてふえる。

春 / 人里や野原

▲春の若苗。白い綿毛が密生して緑白色に見える

▲花の時期には高く伸びる。東北地方や北海道には全体に大型のオオヨモギが分布し、若芽や若葉は同様に食べられる

▲若い枝先も香味野菜として利用する

〈採取法〉春の若苗を摘む。多めに採って保存するとよい。伸びてゆく茎の若い枝先は夏まで利用できる。

〈料理法〉春の若苗はさっと茹でて冷水にさらし、よく絞ったのちに細かく刻み、すり鉢ですってペースト状にする。フードプロセッサーにかけると繊維が短く切れてしまうので、すり鉢を用いる。このペーストを団子の粉や餅に混ぜると鮮やかな緑に仕上がる。ペーストを小分けしてラップで包み、空気に触れないようにして冷凍すれば翌春まで保存できる。夏の若い枝先は少しアクが強いが、天ぷら、雑炊や肉そばなどの具材に利用できる。

●調理例

よもぎ餅

キク科 シオン属

# ヨメナ
*Aster yomena*

嫁菜　別名 オハギ・カンサイヨメナ

🍃 春　📍 本州（中部地方以西）〜九州
✤ 多年草　❀ 7〜11月

　いわゆる野菊の一つ。やわらかな若葉にはシュンギクに似た香りがあり、味がよく花も美しい。春の摘み草として親しまれ、『万葉集』にも「うはぎ」の名で詠まれる。湿った野原や田の畦などに生え、地下茎を伸ばしてふえる。葉は卵状長楕円形で鋸歯があり、表面にやや光沢があって、厚く、つるつるした手触り。秋には高さ0.5〜1.2mになり、直径約3cmの淡紫色の頭花を枝分かれした先に一つずつつける。タネの冠毛はごく短い。同属のシラヤマギク、カントウヨメナ、ノコンギク、ユウガギク、シロヨメナも同様に利用する。

〈採取法〉春の若苗を摘む。少し伸びていても先端の若芽は利用できる。

〈料理法〉茹でて水に20分ほどさらす。細かく刻んで白飯に混ぜて塩を振れば香り高いヨメナ飯。味噌や胡麻で和えてもおいしい。汁の実にも。

キク科 シオン属
## ノコンギク
*Aster microcephalus* var. *ovatus*

🌱 春　🐾 本州〜九州　✚ 多年草
✿ 8〜11月

　やや乾いた草地に生え、花は淡紫色で茎の頂に群れ咲く。葉に毛があり多少ざらつくが香りはよい。タネの冠毛は長い。

キク科 シオン属
## カントウヨメナ
*Aster yomena* var. *dentatus*

🌱 春　🐾 本州（関東地方以北）
✚ 多年草　✿ 7〜10月

　東日本のものはヨメナよりやや花が小さくて葉が薄く、カントウヨメナとよばれる。若芽はヨメナと同様に食べられる。

▲ヨメナの新芽。葉はやわらかく滑らか

◀シラヤマギクの花茎は高さ1mほどになる

ヨメナ飯。春の香りが食欲をそそる

キク科 シオン属
## シラヤマギク
*Aster scaber*

🌱 春　🐾 北海道〜九州　✚ 多年草
✿ 8〜11月

　林縁に生え、葉は幅広のハート型。嫁菜に対して婿菜ともよばれる。若苗はロゼット状になる。舌状花の数は少ない。

キク科 ムカシヨモギ属

# ハルジオン
*Erigeron philadelphicus*

春紫苑　別名 ハルジョオン

🌱 春　📍 日本各地（帰化植物）
✚ 多年草　❀ 4〜6月

　北アメリカ原産の帰化植物で、道端や空き地など、どこにでも生える。1920年代に花の美しい園芸植物として輸入されたが野生化した。冬はロゼットが地表を覆い、春になると茎が高さ0.3〜1mに伸びて花を咲かせる。全体に毛が多く、茎は中空。根生葉は花期まで残り、茎葉の基部は茎を抱く。蕾は淡紅色を帯び、下を向いてうなだれるが、開花期には直径2〜2.5cmの花が上を向いて咲く。踏みつけや刈り取りに強く、根の断片からも芽吹いてふえ、除草剤耐性株も生じるなど、駆除の難しい要注意外来生物である。

〈採取法〉ロゼットや若い芽を摘む。

〈料理法〉天ぷら、和え物、汁の実など。全体にシュンギクに似た香りがあるが、葉のざらざらした毛がやや舌に残るので、おひたしや和え物にする場合は茹でた後に細かく刻むとよい。

春 人里や野原

▲ハルジオンのロゼット。白い毛が多い

▲ヒメジョオンのロゼット。葉は切れ込む

▲薄紅色のハルジオンの花。白い花もある

キク科 ムカシヨモギ属

## ヒメジョオン
*Erigeron annuus*

🍃 春　📍 日本各地（帰化植物）
✦ 一年草〜越年草　✿ 6〜10月

　ハルジオンによく似るが、花期は遅く、夏に咲く。茎は中空でなく白い髄が詰まり、葉は茎を抱かない。蕾は上を向く。冬のロゼットや春の若葉を摘んで食べる。

葉を綿毛が覆うので白っぽく見える

キク科 ハハコグサ属

# ハハコグサ
*Pseudognaphalium affine*

母子草　別名 ホウコグサ・オギョウ

🍃 冬〜早春　　🐾 日本全土
✤ 一年草〜越年草　❀ 4〜6月

　春の七草の一つで、古名は「御形」。全体が白い毛に覆われてやわらかく、青磁のような色をしている。現在は、草餅にヨモギ（p.12）を用いるが、平安時代はハハコグサが一般的だった。餅に搗きこむときには毛がつなぎの役割をするが、おひたしなどは逆に毛がもそもそして食べにくい。道端や田畑にふつうに生え、都会でも目にする。冬は地面に低く広がり、春に茎が立って高さ15〜40cmになり、枝先に黄色い頭花が多数つく。葉はへら形で、花が咲く頃に根生葉は枯れる。実の時期に白い冠毛がふわふわと「ほほけ立つ」ようすから変化した名前だといわれる。

〈採取法〉冬から早春の若苗を摘む。

〈料理法〉お粥、草餅、天ぷら。茎はかたいので葉の部分だけを細かく刻んでからお粥に入れる。天ぷらには厚めの衣をつけゆっくり揚げる。

## Column

## 草を搗きこむ

文・多田多恵子

草の香り、自然で鮮やかな緑色。市販のだんごの粉やパック餅を使えば、家庭でも案外手軽に草餅を作ることができる。

ハハコグサやヨモギの若芽を茹でて水にさらし、水気を絞ったら細かく刻み、すり鉢ですってペースト状にする。これをだんごの粉に混ぜて練る。あるいは、水と共に電子レンジにかけてやわらかくした餅によく混ぜる。綿毛の繊維がつなぎになり、餅やだんごの粉にからまってよく混ざる。ハハコグサとヨモギで食べ比べてみるのも楽しいだろう。

草深い山里では、キク科の**オヤマボクチ**が用いられた。オヤマボクチはゴボウに似た花や葉をつける大形の多年草で、葉の裏側に白い毛が密生する。長野県や福島県ではこれを「ごぼうっぱ」「ごんぼっぱ」とよんで草餅にする。ヨモギほどくせがなくさっぱりしていて食べやすいとか。長野県飯山市では、小麦粉の代わりにオヤマボクチの白い繊維をつなぎとしてソバ粉に混ぜた「富倉そば」が名物である。

春　人里や野原

▲黄色い粟粒を思わせる花

調理例

ハハコグサの天ぷら

▲花の時期のオヤマボクチ

キク科 フキ属

# フキ
Petasites japonicus

蕗

🍃 早春〜秋　🏠 日本各地（帰化植物）
✚ 多年草　❀ 3〜5月

　日本生まれの野菜の一つで、長い中空の葉柄を煮物や佃煮にする。早春の花をフキノトウとよび、香りとほろ苦さを賞味する。野生のものは湿った野原や田畑の縁などに生え、地下茎を伸ばし腎円形の大きな葉を広げる。雌雄異株でフキノトウにも雌雄があり、雄株の花はクリーム色がかり、雌株は白く糸状の雌花をつける。東北地方や北海道には全体に大型の**アキタブキ**が分布し、中でも足寄地方特産のラワンブキの葉柄は長さ2〜3m、直径10cmにもなるが、やわらかく食べられる。

〈採取法〉フキノトウは蕾のうちが食べ頃。葉柄は根元から切り採る。

〈料理法〉フキノトウは姿のまま天ぷら。湯がいて刻み、サラダ油、味噌、みりんと共に練ってフキ味噌。葉柄は茹でて水にさらして皮をむき、煮物や佃煮にするほか、砂糖菓子も作れる。

▲フキノトウはやわらかな苞葉に包まれる

▲亜種アキタブキの夏の葉。アイヌ伝説のコロポックルはフキの葉の下に住むという

▲ツワブキの葉は光沢があり厚い。この若い葉柄で作るのが本物のきゃらぶきという

キク科 ツワブキ属

## ツワブキ
*Farfugium japonicum*

🍃 春　📍 本州（中部以南）〜九州・沖縄　✤ 常緑多年草　❀ 10〜12月

　常緑の海岸性植物で庭にも植えられる。若い葉柄を佃煮（きゃらぶき）にする。葉柄は中空ではなく香りが強い。

▲葉はフキに似るが葉柄の断面は丸くない

キク科 ノブキ属

## ノブキ
*Adenocaulon himalaicum*

🍃 春〜夏　📍 北海道〜九州　✤ 多年草　❀ 8〜10月

　葉はフキに似るが葉柄の断面は丸くなく、ひれ状の翼があり、香りは乏しい。山の日陰に生え、秋にはタネが粘って服につく。やわらかな葉を摘み、おひたし、汁の実に。

**調理例**

フキの砂糖漬け。本来はセリ科のアンジェリカで作る西洋菓子の和風アレンジである。茹でた葉柄を砂糖煮にして作る

春　人里や野原

### キク科 アザミ属
# ノアザミ
*Cirsium japonicum*

葉のとげは鋭いが、伸びはじめの若葉や茎を摘み、ゴボウ状の根も掘って食べる。里山の野原にふつうに見られ、花時まで根生葉が残り、花は上向きに春から咲く。花の基部（総苞）は反り返らず、触るとねばねばするのが特徴。アザミの仲間はどれも食べられる。

〈採取法〉ロゼットの中心から伸びる若葉や若い茎をとげに注意して切り採る。根は晩秋に貯蔵物質が最大になる。

### 野薊

- 春（根は通年）　本州〜九州
- 多年草　5〜8月

▲ノアザミのロゼット

〈料理法〉天ぷら、煮物、和え物、汁の実など。茎は茹でて皮をむく。根はアク抜きした後、味噌煮やキンピラに。

春 人里や野原

▲春の野原に咲くアザミ類の代表種

▲花期のハマアザミ

▲花期のサワアザミ

### キク科 アザミ属
## サワアザミ
*Cirsium yezoense*

- 早春〜初夏
- 北海道・本州の日本海側
- 多年草
- 9〜10月

多雪地方に分布。湿った沢沿いに生え、葉が大きくとげは少ない。茎は中空で人の背丈以上に大きくなる。若い葉、皮をむいた茎、葉軸の部分を食用とし、初夏まで採取できる。天ぷら、汁の実、茹でて和え物、油炒め、煮物とし、塩漬けにして保存する。おいしいので広く食用とされ、畑で栽培する地方もある。花はうつ向く。

### キク科 アザミ属
## ハマアザミ  別名 ハマゴボウ
*Cirsium maritimum*

- 通年
- 本州中部以南〜九州までの太平洋岸
- 多年草
- 9〜11月

海岸性で葉が厚く光沢がある。浜牛蒡（ハマゴボウ）ともよばれ、モリアザミ（p.132）と同様に芽や根は食用とされたが、近年は数が減り、根の採取は控える。

キク科 タンポポ属

# セイヨウタンポポ

*Taraxacum officinale*

西洋蒲公英　別名 ショクヨウタンポポ

- 春
- 日本各地（帰化植物）
- 多年草
- 3～10月

　ヨーロッパ原産の帰化植物。フランスでは軟白栽培したものがサラダ用に売られ、カリカリベーコンと半熟卵をのせてビネガードレッシングでいただくのが定番だが、道端や空き地にたくましく育ったものは苦みが強い。日本のタンポポは大きく外来種と在来種に分けられるが、花を見て総苞片が反り返るのが外来種。だが最近は在来種との間に雑種が生じ、両者の中間型もふえている。在来種のタンポポは地域ごとに5種類ほどに分けられるが、純粋なものは数が減っており、大事にしたい。

〈採取法〉株の中心の若い葉や花を摘む。根は深いので注意深く掘る。

〈料理法〉葉は茹でて水でさらして胡麻和えなど。苦みが少なければ生でサラダ。花は天ぷら、花びらをむしって料理の彩り、三杯酢など。根はキンピラ、干して炒ってコーヒーに。

春 人里や野原

▲一面に咲くセイヨウタンポポ

▲セイヨウタンポポのロゼット

▲総苞片が反り返るのがセイヨウタンポポの特徴。日陰のやわらかな葉を摘む

**調理例**

タンポポコーヒー。根を刻んで干し、香ばしく炒って湯を注ぐ。カフェインを含まないので胃にやさしい

キク科 タンポポ属

## カントウタンポポ
*Taraxacum platycarpum*

🍃 春　📍 本州（関東地方・山梨県・静岡県）　✤ 多年草　❀ 3〜5月

　在来種のタンポポで、夏草が茂るような里山的環境を好む。ブルドーザーが入って更地になると消滅してしまう。在来種のタンポポの総苞片は反り返らない。

▲冬のロゼット

キク科 コウゾリナ属

# コウゾリナ

*Picris hieracioides* subsp. *japonica*

髪剃菜・剃刀菜・顔剃菜　別名 カミソリナ

- 🍃 春
- 🐾 北海道〜九州
- ✤ 越年草
- ❀ 5〜10月

▲頭花は直径2cmほどで舌状花のみからなる

　「コウゾリ」はカミソリの音便で、茎や葉に赤褐色の剛毛があってざらつき、髭剃り後の肌を思わせることからこの名がついた。里山の明るい草地や道端にふつうに生える。冬は地面に張りついたロゼットの形で越し、春に花茎が高さ0.3〜1mに立ってタンポポに似た黄色い花が次々に咲く。倒披針形のロゼット葉はざらつくが、茹でれば気にならず味はよい。

〈採取法〉やわらかなロゼット葉を地際から刈り採る。若芽や蕾も食べられる。

〈料理法〉天ぷら、油炒め、やわらかく茹でておひたしや胡麻和えなど。

春　人里や野原

▲ノゲシの頭花は直径約2㎝

冬のロゼット

キク科 アキノノゲシ属
## アキノノゲシ
*Pterocypsela indica*

🍃春　🗾日本全土　✦二年草
❀8〜11月

　レタスと同属。白い乳液は苦いが、短く切って水によくさらせば食べられる。

キク科 ノゲシ属
## ノゲシ
*Sonchus oleraceus*

**野罌粟・野芥子**　別名 ハルノノゲシ・ケシアザミ

🍃春　🗾日本全土　✦越年草
❀3〜7月（ほぼ通年）

▲ノゲシのロゼット。冬は紫を帯びる

　白粉を帯びた葉の外見や白い乳液がケシに似るのが名の由来。古い時代に大陸から渡来した史前帰化植物で、道端や空き地に生える。冬はロゼットで過ごし、春には中空でやわらかな茎が高さ0.5〜1mに伸びて黄色い花が咲く。葉は羽状に裂け、基部は茎を抱く。葉はギザギザするがやわらかい。仲間のオニノゲシは葉に鋭いとげがあり、痛くて食用に適さない。
〈採取法〉やわらかな若葉や芽を摘む。
〈料理法〉乳液は苦いので、短く切って、水中で揉むようにして洗い流す。さっと茹でて炒め物、和え物など。

▲ 早春のロゼット

キク科 ヤブタビラコ属

# コオニタビラコ

*Lapsanastrum apogonoides*

小鬼田平子　別名 タビラコ・ホトケノザ

🍃 冬〜早春　🌱 本州〜九州　✚ 越年草
❀ 3〜5月

　春の七草の「ほとけのざ」のこと。「田平子」とは、田んぼにロゼットが平たく張りつくようすに由来する。かつてはありふれた田んぼの雑草だったが、耕運の時期や方法の変化にともない、近年は絶滅が危惧されるほどに激減した。ロゼットは直径10cmほどで、葉は頂裂片が大きく羽状に深く裂ける。味はフキノトウ（p.20）のようにほろ苦い。同属のヤブタビラコ、名

◀ 頭花は直径約1cm。舌状花は6〜9個

前の似たオニタビラコも食べられる。

〈採取法〉ロゼットを根際からナイフか小鎌で刈り採る。

〈料理法〉姿のまま天ぷら。茹でて水にさらし、七草粥、和え物、汁の実など。

春 人里や野原

代かき前の田んぼを黄色く染めるコオニタビラコの群落

◀シソ科の**ホトケノザ**の花。名前がコオニタビラコの別名と同じでよく混乱する。毒ではないが、筋ばってかたいのでふつうは食べない

▲ムラサキ科の**キュウリグサ**も別名をタビラコという。葉を揉むとキュウリの香りがし、若い葉や茎は食べられる。写真はロゼット

### シソ科 カキドオシ属

# カキドオシ

Glechoma hederacea subsp. *grandis*

垣通

🌱 春　🗾 北海道〜九州　✦ 多年草　✿ 3〜5月

　野原や道端に生え、花後に垣根を通り抜けるほど旺盛に走出枝を伸ばすのでこの名がついた。茎の断面は四角く、ちぎると強い香りが漂う。よく似た草にセリ科のツボクサがあり、やはり走出枝を伸ばして丸い葉をつけるが、これもハーブとして食べられる。
〈採取法〉花の咲く頃の枝先を摘む。
〈料理法〉花つきの芽先の天ぷら。茹でて胡麻和え。干して薬酒や健康茶。

▲陽だまりに茂るハコベ（ミドリハコベ）

▲花弁は5つだが、深く2裂し10弁に見える

ナデシコ科 ハコベ属

# ハコベ
*Stellaria neglecta*

繁縷　別名 ミドリハコベ・ハコベラ

- 通年
- 日本全土
- 一年草〜越年草
- 3〜9月

　春の七草の「はこべら」のこと。庭や畑に生える小さな雑草で、全体にやわらかくてアクがなく、小鳥や小動物の餌としても利用する。昔は民間薬として催乳剤、歯磨き粉などに使われた。英名のチックウィードは「ひよこ草」の意味。ハコベの名は総称としても用いられ、写真のハコベ（ミドリハコベ）のほか、近年にふえたコハコベやイヌコハコベもまとめてハコベとよんでいる。茎は片側に軟毛が生えて下部から分かれて広がり、高さ10〜30cmになる。葉は対生し、長さ1〜3cmの卵形で無毛、下部の葉に柄はあるが上部のものにはない。花は直径6〜7mmで、雌しべの花柱は3本、雄しべは5〜10本。

〈採取法〉地上部を摘む。

〈料理法〉アクはないが土くさいので、茹でた後、水に長めにさらしてから料理する。おひたし、和え物、汁の実など。

### ナデシコ科 ハコベ属
## コハコベ
*Stellaria media*

- 通年
- 日本全土
- 一年草〜越年草
- 3〜9月

ヨーロッパ原産で大正時代に帰化。ハコベより小型で茎は赤っぽく地を這う。花は直径4〜7mmで雄しべは2〜7本。**イヌコハコベ**は1978年に侵入した新顔の雑草で、コハコベに似るが花弁は退化し、萼に紫色の斑紋がある。

◀花の時期のイヌコハコベ。花弁を欠くのが特徴

### ナデシコ科 ハコベ属
## ウシハコベ
*Stellaria aquatica*

- 通年
- 日本全土
- 越年草または多年草
- 4〜10月

道端や田畑の周りでよく目にするハコベの仲間。横に這いながら成長し、辺り一面を覆うこともある。全体に大型のハコベなので名前にウシとついた。葉は長さ2〜7cmで対生し、上部のものは茎を抱く。茎は節の部分が赤く、高さ20〜50cmに茂る。花は直径7〜8mmで、ハコベの花柱が3本なのに対し、ウシハコベの花柱は5本。ハコベと同様に、やわらかな葉や茎を採取し、お粥や和え物などに利用する。

▲スイバのロゼット。葉の茎部は心形。葉の汁はインクの染みの除去にも使われる

▲ギシギシのロゼット。巻いた若葉を採る

タデ科 ギシギシ属
## ギシギシ　別名 オカジュンサイ
*Rumex japonicus*

🍃 冬〜春　🗾 北海道〜九州　✦ 多年草
❀ 6〜8月

　薄膜に包まれた若い葉はぬるぬるしてすべりやすいのでナイフで採る。酸味と食感を生かして、汁の実、酢の物などに利用。

タデ科 ギシギシ属
## スイバ
*Rumex acetosa*

酸葉　別名 スカンポ

🍃 冬〜春　🗾 北海道〜九州　✦ 多年草
❀ 5〜8月

　嚙むと酸っぱく、昔はスカンポとよんでおやつに食べた。ヨーロッパでは「ソレル」「オゼイユ」とよび、野菜としてサラダやスープ、ソースなどに使う。酸味の元はシュウ酸で、食べ過ぎは禁物。人里の草地や田の畦に生え、冬のロゼット葉や若い茎は赤みを帯びる。初夏には茎が高さ0.3〜1mに立ち、赤い花穂をつける。葉は長さ約10cmの長楕円状披針形。雌雄異株で、植物ながら性染色体をもつ。
〈採取法〉冬のロゼット葉の中心の若葉や春先の若い葉や茎を摘む。
〈料理法〉皮をむいた茎や葉を茹でるとぬめりが出る。水にさらし、おひたしや酢味噌和え、マヨネーズ和え。刻んで砂糖を加えて煮ればジャムになる。生の葉を細かく刻み、魚や肉を焼いた後のフライパンでさっと炒めて料理に添えると、フレンチ風酸味ソース。

▲雌雄異株。花と実が見えている

タデ科 ソバカズラ属
## オオイタドリ
*Fallopia sachalinensis*

🍃 春　🦴 北海道・本州（中部以北）
✦ 多年草　✿ 7〜10月

イタドリとすみ分ける形で雪の多い北国に分布。葉は基部が心形で長さ30㎝を越す。太く中空の茎を同様に食べる。

虎杖　別名 スカンポ

🍃 春　🦴 日本全土　✦ 多年草
✿ 6〜10月

タデ科 ソバカズラ属
# イタドリ
*Fallopia japonica* var. *japonica*

　大きく育つ多年草で、肥沃な土地では高さ2mほどにもなる。全体にシュウ酸を含んで酸味があり、春先の太い中空の茎をスイバと同様、スカンポとよんで食べるが、多食は避ける。薬草としても知られ、名は「痛み取り」に由来。戦争中は葉を代用タバコに利用した。平地から高山帯まで広く分布し、地下茎を伸ばして明るい荒れ地や斜面にふえ広がる。赤みを帯びた新芽はタケノコ状で成長が早い。葉は長さ6〜15㎝の広卵形で互生する。雌雄異株で、秋には白や淡紅色の花を多数つける。
〈採取法〉春先の葉が開く前の太い新芽を、自然に折れるところで採る。
〈料理法〉新芽はそのまま天ぷら。茎は皮をむき茹でた後、よく水にさらして酢の物、煮物、和え物のほか、甘く煮てジャムに。皮をむいた茎を多めの塩で漬け、保存すると味がなじむ。

▲ロゼットは直径50cmほどになる

▲菜の花に似た十字花

▲葉は羽状に裂け、基部は茎を抱かない

アブラナ科 アブラナ属

# セイヨウカラシナ
Brassica juncea

　河川敷を黄色く染めて咲く「菜の花」の正体は、このセイヨウカラシナであることが多い。ユーラシア原産で、古い時代に野菜として渡来し、現在は河川敷や道端に野生化している。栽培品と同様、葉や種子に特有の辛みと香りがあり、食用や薬用になる。冬はダイコンに似た葉が大きなロゼットを作り、春になると茎が高さ1mほどに立って黄色い十字花を多数咲かせる。

西洋芥子菜

🌱 春　🗾 日本各地（帰化植物）
✦ 二年草　✿ 4～5月

よく似たセイヨウアブラナの葉は茎を抱くので区別できる。同じく帰化植物のハルザキヤマガラシの葉は丸みを帯びてオランダガラシ（p.95）に似て見え、同様に辛みがあって食べられる。

〈採取法〉冬の若いロゼット葉や、春先の若芽や蕾を摘む。

〈料理法〉蕾のついたやわらかな芽先は漬け物に。葉は茹でておひたしや炒め物。花はサラダやスープの彩りに散らす。

春 人里や野原

▲ロゼット葉は魚の骨のように深く切れ込む

調理例

ナズナのおひたし。香りがよい

▲花は直径3㎜ほどで丸く集まり愛らしい

アブラナ科 ナズナ属

# ナズナ

*Capsella bursa-pastoris*

薺　別名 ペンペングサ・シャミセングサ

- 冬〜早春
- 日本全土
- 一年草・越年草
- 3〜6月

春の七草の一つ。正月七日には「七草なずな、唐土の鳥が日本の土地に渡らぬ先に、トントントン……」と歌いながら七草を刻むのが習わしだった。冬のロゼットは太陽の恵みを凝縮してほのかな甘みと香りがあっておいしく、栄養価も高い。薬草としても各種の効能があり、昔から野の摘み菜として重宝されてきた。古く農作物と共に大陸から渡来した史前帰化植物で、道端や畑にふつうに生える。三角形の実を三味線のばちに見立ててペンペングサとよぶ。ロゼット葉が似たイヌガラシやスカシタゴボウも食べられる。

〈採取法〉冬のロゼットは、葉がばらばらにならないよう株元で切り採る。若い花茎や白い根も食べられる。

〈料理法〉茹でて水にさらしてから削り節やシラスをかけておひたし、胡麻和え、お粥など。かたければ細かく刻む。

▲花は直径3〜4mmの白い4弁花

▲左がタネツケバナのロゼット（右はナズナのロゼット）

アブラナ科 タネツケバナ属

# タネツケバナ

*Cardamine scutata*

### 種漬花

🌿 冬〜春　📍 日本全土
✦ 一年草〜越年草　❀ 3〜6月

　春、稲の種籾を水に浸ける頃に花が咲きはじめるのでこの名がある。田んぼや水辺、道端など湿った場所に生える小さな草で、細かく裂けた葉はクレソンに似た香りと辛みがあり食べられる。秋に発芽し、ロゼットで冬を越し、春に茎は下部から分かれて高さ10〜30cmになる。葉は繊細な羽状複葉で、小葉は丸みを帯び、頂小葉が最も大きい。仲間のオオバタネツケバナはテイレギともよばれ、愛媛県では食用に栽培される。新しい外来種で、ロゼット葉は花期まで丸く残るミチタネツケバナも同様に食べられる。

〈採取法〉新芽や花がつきはじめた頃に採る。茎の長さを揃えて一束にしておくと、調理しやすい。

〈料理法〉生でサラダ、肉料理の添え物、スープの浮き実に。束ねた根元を糸でしばり軽く茹でておひたし、和え物。

春 / 人里や野原

### アブラナ科 エゾスズシロ属

# ショカツサイ
*Orychophragmus violaceus*

諸葛菜　別名 ハナダイコン・オオアラセイトウ・ムラサキハナナ・シキンソウ

🌿 春　🐾 日本各地（園芸・帰化植物）
✦ 越年草　❀ 3〜5月

　中国原産で江戸時代に観賞用に渡来し、人為的に種子が蒔かれたりもして、日本各地で野生化した。「諸葛菜」は諸葛孔明が軍の逗留地にこのタネを蒔いたとのいい伝えによる。道端や堤防などに群生し、茎の高さは30〜80cmになる。根生葉と下部の葉は有柄で羽状に裂けて縁には鋸歯がある。茎葉は互生し、鋸歯のある長楕円形で茎を抱く。花は4弁で直径3cmほど。

▲淡紫色のグラデーションが美しい

〈採取法〉やわらかな若い芽先や花を摘む。多食は避ける。
〈料理法〉茹でてさらし、おひたし、和え物、油炒め。花はサラダの彩りに。

▲ タチツボスミレの花。ほぼ原寸大

### スミレ科 スミレ属
# タチツボスミレ
*Viola grypoceras*

#### 立坪菫

- 春
- 日本全土
- 多年草
- 4〜5月

　日本はスミレの宝庫。タチツボスミレは里山でよく出会う種類で、薄紫色の花とハート形の葉が目印。花後に茎が伸びて高さ25cmほどになる。パンジーやビオラもスミレの仲間である。

〈採取法〉花や葉を摘む。
〈料理法〉花や葉は天ぷら。花はケーキやサラダの彩り、砂糖漬け。

▲ スミレの葉はロゼット状で細長い

### スミレ科 スミレ属
## スミレ
*Viola mandshurica*

- 春
- 日本全土
- 多年草
- 4〜5月

　濃い菫色をした代表種。明るい野原や道端に生えるが、今は大事に守りたい。根を残して花を摘み、ケーキやアイスの彩りに。

春 人里や野原

▲紅紫色の花が7〜10個集まって咲く

天ぷらは薄く衣をつけるのがこつ

マメ科 ゲンゲ属

# ゲンゲ

*Astragalus sinicus*

紫雲英　別名 レンゲソウ・レンゲ

- 春
- 日本各地（帰化植物）
- 越年草
- 4〜6月

　一面に咲くゲンゲ田は、懐かしい里山の春の風物詩であるが、日本古来の植物ではなく、原産地の中国から室町時代頃に水田の緑肥、家畜の飼料、ミツバチの蜜源などの用途に導入されたものである。根には根粒菌が共生し、空中窒素を固定する。戦後は化学肥料の普及により栽培が廃れたが、最近その価値を見直そうという動きもある。茎は根元からよく枝分かれして横に広がり、高さ10〜30cmになる。葉は卵形の小葉7〜11枚からなる奇数羽状複葉で互生し、やわらかい。葉の基部から長さ10cmほどの花柄を伸ばし、紅紫色の花を丸く集めて咲く。横から見た花がハスの花に似るので蓮華草ともよぶ。

〈採取法〉やわらかな葉や花を摘む。
〈料理法〉さっと茹でて、おひたし、和え物、汁の実。湯がいた花を甘酢に漬けて料理の彩り。花や葉の天ぷら。

▲30〜80個の花が球状に集まって咲く 　▲四つ葉のクローバーは幸運の象徴

マメ科 シャジクソウ属

# シロツメクサ

*Trifolium repens*

白詰草　別名 クローバー

🍃 春　🐾 日本各地（帰化植物）
✚ 多年草　❀ 5〜8月

　ヨーロッパ原産で、牧草として世界中に広まった。別名クローバー。まれな四つ葉は聖なる十字架に見立てられ、幸運の印とされる。和名の「白詰草」は、江戸時代にガラス製品をオランダから輸入する際、梱包緩衝材としてシロツメクサの干し草が詰められたのが由来。茎は地を這い、節から根を出しながら広がり、葉と花は立ち上がる。葉は3枚の小葉からなり、長い葉柄がある。小葉は倒卵形で縁に細かい鋸歯があり、表面に斑紋があるものが多い。初夏に白い花が球状に集まって咲き、甘く香る。花で首飾りや花冠を編んで遊ぶ。まれに青酸配糖体を含む株があり、放牧牛の中毒例がある。

〈採取法〉若い葉や咲きかけの花を摘む。かたい柄は外す。

〈料理法〉茹でておひたし、ピーナツ和え。天ぷら。多食は避ける。

春 人里や野原

▲花外蜜腺にきたアリ。花は紅紫色で葉の腋に1～3個ずつつく

調理例
若い実の天ぷら。豆の味がしておいしい

マメ科 ソラマメ属

# カラスノエンドウ
Vicia sativa subsp. *nigra*

烏野豌豆　別名 ヤハズエンドウ

- 春
- 本州～九州・沖縄
- つる性越年草
- 3～6月

　春の野原のつる植物。豆の莢が黒く熟し、似た仲間のスズメノエンドウより大きいので「カラス」とついた。日当たりのよい野原や道端に生え、春早くから巻きひげをつけた葉を伸ばす。やわらかな芽先は、エンドウマメをもやし栽培した「豆苗」に似て食べられる。葉は偶数羽状複葉で、長さ2～3cmの狭倒卵形の小葉8～16個からなり、先端の1～3個は巻きひげに変化する。花の基部の托葉には黒い色をした花外蜜腺があり、アリを呼びよせて外敵から守らせている。豆の莢は長さ3～5cm、熟して乾くとよじれて種子を飛ばす。完熟種子は有毒。

〈採取法〉やわらかな芽先を摘む。花や若い実も食べられるが、多食は避ける。

〈料理法〉若芽は天ぷら、油炒め、茹でておひたし、和え物。若い莢はさっと茹でてバターいため、汁の実。

▲夏の姿。紅紫色の花と若い莢が見える

調理例

ナンテンハギの胡麻和え

マメ科 ソラマメ属

# ナンテンハギ
*Vicia unijuga*

南天萩　別名 フタバハギ・アズキナ

🌱 春　🗾 本州〜九州　✦ 多年草
❀ 6〜10月

　里山の草地や土手、林縁に生える多年草で、一節から2枚ずつつく葉の形がナンテンの小葉に似ているのが名の由来。栄養価が高くてこくのあるおいしい山菜で、小豆に似た風味があることから飛騨高山地方では小豆菜とよばれ、郷土野菜として栽培されている。茎は稜があり、夏から秋には斜面にしだれかかるようにして高さ80cmほどに伸び、ハギに似た紅紫色の花を10個くらいずつまとめて咲かせる。地下に太い根茎があり、毎年同じ場所から芽を伸ばすので、株を傷めないように大事にしたい。

〈採取法〉春先の新芽を摘む。葉がやわらかそうに見えても時期を逃すと強い筋が立ち、かたくなり食べられない。

〈料理法〉天ぷらか素揚げに塩を振って。茹でて胡麻和え、胡麻味噌和え、胡桃和え。汁の実。

▲花と実。実がならない株もある

ヤブカラシの大根おろし和え

ブドウ科 ヤブカラシ属

# ヤブカラシ
*Cayratia japonica*

藪枯　別名 ヤブガラシ・ビンボウカズラ

春　本州〜九州・沖縄・小笠原　つる性多年草　6〜8月

　庭や植え込みばかりか、藪さえも覆って枯らしてしまう困りもの。細い地下茎を横に伸ばしては赤い新芽をそこここにもたげ、二股に分かれた巻きひげを触手のように絡みつかせてよじ登る。葉は5小葉からなる鳥足状複葉で、アマチャヅル（p.126）に似るが、両面とも無毛。巻きひげは葉や花に対生する。夏に平らな集散花序を出し、オレンジ色の花盤が目立つ。東日本のものは三倍体でふつう結実しないが、西日本のものはやや小ぶりの二倍体で、やや扁平な丸い実がなり、秋に黒く熟す。

〈採取法〉伸びてきたばかりの赤茶色の芽の先端部分を折り採る。

〈料理法〉粘液質を含み、茹でるとぬるぬるする。辛みとえぐみがあるので、十分に茹でて水にさらし、わさび醤油酢和え、大根おろし和えなど。天ぷらにするとえぐみは気にならない。

春　人里や野原

▲茎は枝分かれせず、下側に花をつるす

▲ホウチャクソウ。新芽が似るので注意

鞘状の葉に包まれた新芽

キジカクシ科(ユリ科) アマドコロ属
# アマドコロ
*Polygonatum odoratum var. pluriflorum*

甘野老　別名 ナルコラン・イズイ

🍃 春　🗾 日本全土　✦ 多年草
✿ 4〜5月

　山草として栽培もされる多年草。野山の草地や明るい林に生え、釣鐘状の花を1〜2個ずつ弓なりの茎に下げる。太い根茎がヤマノイモ科のオニドコロ(p.139)に似て甘いのが名の由来。茎は角張って稜があり、高さ30〜80cmになる。新芽は薄茶色をした鞘状の葉に包まれて伸びてくる。葉は無毛で裏面は白っぽい。花は長さ15〜20mmで先は緑色を帯びる。よく似たナルコユリは花が1〜5個ずつ垂れて茎が丸く稜がない。

〈採取法〉鞘状の葉から本葉がのぞいた頃の新芽を採るが、採取は少量にとどめ、根茎は採らずに必ず残す。芽出しの頃は毒草のホウチャクソウ(p.214)と似るので、茎の稜や根の形状をよく確かめる。

〈料理法〉鞘を取り、そのまま天ぷら。さっと茹でておひたし、和え物。

▲ノビルの鱗茎はエシャロットと同じようにして生食できる

◀花期のヤマラッキョウ。山地の湿った草地に生え、葉はラッキョウかノビルに似た香りがある

ヒガンバナ科(ユリ科) ネギ属
## ヤマラッキョウ
*Allium thunbergii*

- 🌿 春〜夏
- 🐛 本州（福島県以南）〜九州
- ✚ 多年草
- ✿ 9〜10月

　ふつうエシャロットとして売られているのはラッキョウの鱗茎で、ヤマラッキョウの葉や鱗茎も生で味噌などをつけておいしく食べられる。伸びた葉はかたい。

ヒガンバナ科(ユリ科) ネギ属
## ノビル
*Allium macrostemon*

野蒜

- 🌿 冬〜春
- 🐛 日本全土
- ✚ 多年草
- ✿ 5〜6月

　やわらかな葉を摘むとネギの香りが立つ。蒜（ひる）はネギやニンニク類の古称。名は野生のネギという意味で、野原や土手にふつうに生える。鱗茎は直径1.5cmほどの球形で白く、冬から春にかけて直径3mmほどの中空の葉が長さ20〜30cmに伸びる。この頃のやわらかな葉や鱗茎を食用とする。初夏に高さ40〜60cmの花茎を出すが、花の多くは咲いても実らないか、あるいは咲かずにむかごになり、これがこぼれてふえる。

〈採取法〉鱗茎と葉を利用する。冬から春まで採取できるが、花茎が立つと葉はかたくなるので鱗茎だけを利用する。葉を持って引き抜くと途中で切れてしまうので、スコップで掘り上げる。

〈料理法〉鱗茎は薄皮をむき、生のまま味噌をつけてかじる。やわらかな葉は薬味、汁の実、茹でて酢味噌和え。

ススキノキ科(ユリ科) ワスレグサ属

# ヤブカンゾウ
*Hemerocallis fulva* var. *kwanso*

藪萱草　別名 ワスレグサ・オニカンゾウ

🍃春　🐾本州〜九州　✦多年草
✿7〜8月

　中国原産の人里植物で、古い時代に食用および薬用として日本に持ち込まれ、里山の道端や土手、林縁などに野生化した。芽吹いたばかりの若葉はやわらかく甘みがありおいしい。花の蕾やその乾燥品は中華食材で「金針菜」「黄花菜」といい、輸入品は「ユリの花」ともよばれて炒め物やスープの具などに使われる。鉄分が多く漢方薬にもされる。夏に高さ1mほどの花茎を立てて直径8cmもある八重咲きの美しい花が咲くが、一日花で、朝に開いて夕方にしぼむ。三倍体で結実しないが、地下茎を伸ばしてふえ広がる。葉は基部の部分がひな人形のように行儀よく折り重なり、夏には長さ40〜60cmになる。根はところどころ紡錘形にふくらんで養分をためる。同属の野生種であるノカンゾウも同様に利用できる。ニッコウキスゲやキスゲも同属の仲間で、最

春 人里や野原

▲ヤブカンゾウの花は八重咲き

▲いち早く芽吹く新芽

▲ノカンゾウの花や葉も食べられる

近は交配された観賞用の園芸品種がヘメロカリスの名で出回る。
〈採取法〉芽吹いたばかりの若芽をばらばらにならないよう、根元からナイフで切り採る。花や蕾も食べられるが、アブラムシがよくついているので、ていねいに洗い流す。
〈料理法〉若い葉はアクもなくてやわらかいので、歯ざわりと甘味を残すようにさっと茹でる。おひたし、酢味噌和え、貝などと合わせたぬた、汁の実。花はさっと茹でて酢の物。

ススキノキ科(ユリ科) ワスレグサ属

## ノカンゾウ
*Hemerocallis fulva* var. *disticha*

🌱 春　📍本州〜九州・沖縄　✤ 多年草
✿ 7〜9月

　ヤブカンゾウとは変種の関係で、やや湿った場所に生え、花は一重咲き。二倍体種で、葉はヤブカンゾウより細め。

47

◀タチシオデの花は初夏に咲く。写真は雄花

▲花期のシオデ。新芽を食べる

サルトリイバラ科(ユリ科) シオデ属

## シオデ
*Smilax riparia*

🌱 春　🗾 北海道〜九州
✚ つる性多年草　❀ 7〜8月

　山の林に生え、葉は幅の広い卵状広楕円形で、厚く表面に光沢がある。花期は夏。

サルトリイバラ科(ユリ科) シオデ属

# タチシオデ
*Smilax nipponica*

　やわらかく伸びた新芽は見た目も味もアスパラガスにそっくりで、仲間のシオデと共に「山のアスパラガス」とか「山菜の女王」とよんで賞味する。野山の林縁や明るい草地に生えて、茎ははじめ直立し、後につる状になってほかのものに寄りかかりながら高さ1〜2mに成長する。葉は光沢がなく、長さ6〜10cmの細長い卵状長楕円形で互生し、基部に托葉の変化した1対の

立牛尾菜

🌱 春　🗾 本州〜九州　✚ つる性多年草
❀ 5〜6月

巻きひげがある。雌雄異株で、花は初夏に咲き、長さ4mmほどの黄緑色の花を球状の花序につける。

〈採取法〉花が開く前の新芽を、手で自然に折れるところから採る。
〈料理法〉時間がたつとかたくなるので、採ったらすぐに塩茹でする。アスパラガスと同様に調理すればよく、おひたし、マヨネーズ和え、フライ、サラダ、束ねて肉巻き焼き。

▲一面に茂るスギナの群落

調理例

天ぷら
煮物

ツクシの煮物と天ぷら(上)、ツクシご飯(下)

春 人里や野原

トクサ科 トクサ属
# スギナ
*Equisetum arvense*

杉菜　別名 ツクシ

- 春　　北海道〜九州
- 夏緑性シダ植物

　人里の野原や、道端に生えるシダ植物。春早く、まず胞子を作る役割のツクシが現れる。丸い頭は愛らしく、「土筆」「つくしんぼ」とよばれて親しまれる。頭部はタイルを並べたような構造で、熟すと隙間が開いて緑の胞子が風に飛ぶ。役割を終えてツクシが枯れる頃、光合成が役割の栄養茎が伸びてくる。こちらは杉の葉に似ていることから「杉菜」とよぶ。両者は地下茎によってつながっている。スギナは葉というものが未発達の原始的なシダ植物で、体の大半は茎で、節を包む鞘状の「はかま」の部分と茎の節々にあるささくれ状の小さな突起だけが葉に相当する。
〈採取法〉みずみずしいツクシを摘む。
〈料理法〉はかまを取る。ハサミではかまをの上下を切ると楽。胞子は苦いので水で何度も洗う。天ぷら、バター炒め、煮物、煮つけを入れたツクシご飯。

▲日当たりのよい斜面に群生する

調理例

ぬめりが絶品のワラビ叩き（上）とワラビと油揚の煮物

コバノイシカグマ科（イノモトソウ科）ワラビ属

蕨

# ワラビ

*Pteridium aquilinum* subsp. *japonicum*

🍂 春　日本全土　✦ 夏緑性シダ植物

　山菜そばの具の定番。握り拳を振り上げたような春の若芽は、生で食べると有毒だが、アクを抜けばおいしく食べられる。冬の根茎も掘って貯蔵デンプンを集め、わらび餅を作るほか、昔は糊にも加工した。日当たりのよい斜面や野原に群生し、地下を走る直径1cmほどの毛深い茎から、高さ1〜2mにもなる大きな3回羽状複葉の葉を立てる。野生動物はワラビを食べないので、スキー場や放牧地では、しばしば一面のワラビ天国が出現する。

〈採取法〉葉が開く前の葉柄を自然に折れるところから採る。すぐ袋に入れ、その日のうちにアク抜きする。

〈料理法〉よくアクを抜いてから、おひたし、煮物。細かく刻み、味噌と一緒に包丁の背で叩いて「ワラビ叩き」。アク抜き後、水気を切り密閉袋に入れて冷凍すれば長期に保存できる。

## Column
## 山菜のアク抜き
文・多田多恵子

長い年月を人の庇護の元で毒気を抜かれて安穏に育てられてきた野菜類とは異なり、厳しい自然の中で生きてきた山菜類は、草食動物や虫や病原菌に食われてしまわないよう、さまざまな防衛手段を発達させている。山菜につきものの「アク」とは、野生植物がつくりだした化学防衛物質なのである。

植物に含まれる不快で有害な成分をアクとよぶ。のどを刺激するえぐみ、苦み、渋み、辛みなど。主な成分はシュウ酸、タンニン、ポリフェノール、サポニン、アルカロイドなどで、多量に摂れば健康被害をこうむるし、そもそもまずくて食べられない(まずいと感じたら食べる気になれないということ自体が、人間の大切な防衛本能である)。

私たちの祖先は、飢えと隣り合わせの日々の中で、野の草木をどうやって食べるかを試行錯誤して学んできた。茹でて水にさらせば水溶性の成分はかなり除去できる。さらに米のとぎ汁を加えればシュウ酸はコロイドに吸着されて無害化する。古くから伝えられてきたアク抜き法は、先人たちの知識と経験の貴重な結晶なのである。

最近の研究で、ワラビの有害成分としてビタミンB1破壊酵素と発がん物質のプタキロサイドが発見された。木灰を用いる伝統的なアク抜き法は、すなわち弱アルカリ性の熱湯処理であり、これにより有害物質は2つともほぼ完全に除去されることも証明された。

何も知識のなかった時代に、毒を克服する方法を確立させるまでには、失敗例を含む、無数の試行錯誤があったに違いない。先人たちの勇気と英知に感謝しながら、山菜をおいしくいただこう。

春 人里や野原

### ワラビのアク抜き
❶採りたてのワラビをバットか鍋に平らに並べる。ワラビ500gに対して大さじ一杯ほどの木灰か重曹を振りかける。❷ワラビが完全に浸るまで熱湯を注ぐ。よく混ざるよう上下を返したら、そのまま一晩(または半日)置く。❸取り出してよく水で洗う。

ゼンマイ科 ゼンマイ属

# ゼンマイ
Osmunda japonica

薇・銭巻

🍃 春　🐾 日本全土　✦ 夏緑性シダ植物

　ワラビと共に重要な山菜で、干して保存食とされる。韓国料理のナムルの中の茶色いのがゼンマイだ。林の半日陰のやや湿った斜面や谷筋などに生え、太い根茎から高さ0.6〜1mの葉が多数束生する。葉は2回羽状複葉で、先に出る胞子葉と栄養葉の2型がある。胞子葉の小羽片は赤茶色の縮んだ線状で胞子嚢を密生し、初夏に胞子を出すと枯れる。食用にするのは栄養葉の若芽で、赤褐色で白い綿毛に覆われ、渦巻き状に巻いている。栄養葉は成長すると毛が落ちて、小葉は長さ5〜10cm、洋紙質で縁に細かい鋸歯がある。ゼンマイは漢字で「銭巻」と書き、若芽が古い穴空き銭を束ねたように見えるのが名の由来。機械の「ぜんまい」はこの巻いた芽の形に由来する。秋田の伝統工芸「ぜんまい織」は、ゼンマイの綿毛を混ぜて糸を紡ぎ、布を織る。

春 人里や野原

▲林の縁で大きな葉を広げるゼンマイ

》調理例

煮物は、干しゼンマイを水で戻して作る

▲里山の谷戸田にゼンマイが姿を現した

〈採取法〉綿毛をかぶった若芽を折り採る。胞子が粒状についた胞子葉は資源を保護するために摘まずに残す。綿毛を取り、重曹を加えた熱湯で茹でた後、むしろに広げて天日で乾かしながら手でよく揉む。これを数日間くり返して乾かすと、繊維がやわらかくなり、アクも抜けておいしい干しゼンマイができる。この状態で長期保存が可能。
〈料理法〉食べるときは何度か水を換えながら元の太さになるまで戻す。煮物、ナムル、炒め煮。

▲ヤマドリゼンマイの胞子葉

ゼンマイ科 ゼンマイ属

## ヤマドリゼンマイ
*Osmundastrum cinnamomeum* var. *fokiense*

- 春
- 北海道〜九州
- 夏緑性シダ植物

　山の湿原や牧場に生える。新芽はゼンマイに似て同様に下処理して食べる。

▲夏に小さな白い花をつける

調理例

卵とじ。最後に生の葉を彩りに散らす

### セリ科 ミツバ属
# ミツバ
Cryptotaenia canadensis subsp. *japonica*

三葉　別名 ミツバゼリ

🍃 秋〜晩春　　🗾 北海道〜九州
✤ 多年草　　✿ 6〜7月

お馴染みの香味野菜だが、野山の林床や林縁の湿ったところによく生えている。日本の国産野菜で、栽培の歴史は江戸時代から。花が咲いて葉がかたくなる夏以外は、やわらかな葉を摘んで食べる。葉は互生して長い葉柄があり、名前の通り3小葉からなる。夏に茎は高さ30〜90cmになり、白い小さな花が咲く。最近は欧米でもハーブとしてスープやサラダに使われる。

〈採取法〉若い葉を葉柄ごと摘む。成長した株の根も食べられるが、数が少ないときは根は掘らずに残す。有毒なウマノアシガタ（p.200）やキツネノボタン（p.201）に新芽が似るので、必ず葉をちぎって香りを確かめる。

〈料理法〉香りと歯ごたえを生かすために、長い時間茹でないようにする。おひたし、わさび和え、卵とじ、汁の実。生でサラダ。根はキンピラ。

春 山や雑木林

▲繊細な葉と花は、レース飾りを思わせる

調理例

シャクの天ぷら。香りがよい

**セリ科 シャク属**

# シャク
*Anthriscus sylvestris* subsp. *sylvestris*

杓　別名 ヤマニンジン・コジャク・ワイルドチャービル

春　北海道〜九州　✦ 多年草　❀ 5〜6月

　全体にやわらかくてみずみずしく、摘むとセリ科特有の爽やかな香りが立つ。葉の形や太い根がニンジンに似て山に生えるのでヤマニンジンともよばれる。山の湿った草地に生える。太い根があり、茎は高さ0.8〜1.4m、上部で数回枝分かれする。葉は互生し、長い柄のある2回3出羽状複葉で小葉は細かく切れ込む。有毒なドクニンジン（p.191）やフクジュソウと似るので、必ず香りを確かめる。初夏、枝先にレースを思わせる複散形花序を出し、白い小さな5弁花をつける。一つの花序の周辺につく花は外側の花弁が大きく、中心部につく花は花弁の大きさは同じ。

〈採取法〉まだ葉が伸びきらない若い茎とやわらかい若葉を摘む。

〈料理法〉茹でて水にさらし、かたく絞ってから和え物（胡麻、納豆、梅）。生で葉を天ぷら、サラダにも。

ウコギ科 タラノキ属

# ウド
*Aralia cordata*

独活

- 春〜夏
- 北海道〜九州
- 多年草
- 8〜9月

　国産野菜の一つで、爽やかな香りとしゃきしゃきした歯ごたえのある白い茎を賞味する。暗い地下で光を当てずに軟白栽培して茎を長く伸ばしたものや、株元に土寄せして多少とも野性味を出したものが野菜として冬から春に出回る。野生のものは野山の林縁などに生え、春の若芽を「山ウド」とよんで野性味豊かな香りと味を楽しむ。葉は大きな2回羽状複葉で、両面に短毛があり縁に細かい鋸歯がある。茎は太いがやわらかく表面に短い毛があり、夏には高さ1〜1.5mになって球状の散形花序が多数集まった大きな花序をつける。花は淡緑色で小さく、ヤツデの花に似ている。根茎と根は薬用。「ウドの大木、柱にゃならぬ」とは、茎は太くてもすかすかでやわらかく役に立たないという意味で、図体ばかり大きくて中身のない人物評に使われる。

春 山や雑木林

▲大きく成長した花の時期

▲淡緑色の小さな5弁花が多数集まる

▲里の野辺で、葉を開きはじめた若い芽

〈採取法〉地面から伸びて葉が開く前の芽を、地中に埋もれた茎と一緒に、ナイフでできるだけ深い位置から切り採る。採ったあとは土をかぶせて原状に戻しておくのがマナー。枝先の新芽や蕾は夏まで摘み採れる。

〈料理法〉茎の皮をむいてすぐ酢水に浸ける。スライスして味噌をつけてかじったり、サラダ、酢味噌和え、卵とじ、バター炒め。葉は捨てずに天ぷら。皮もキンピラや天ぷらに。夏の蕾や若い葉は、天ぷら、汁の実に。

調理例

葉と茎の天ぷら（上）と皮のキンピラ（下）

▲白色から淡紅色の頭花をつける

調理例

胡麻和えは香りがよく味がまろやか

キク科 ヤブレガサ属

# ヤブレガサ

Syneilesis palmata

破傘

🍃 春　📍 本州〜九州　✦ 多年草
✿ 6〜9月

　すぼんだ葉の芽出しが破れた傘を思わせておもしろい。山の林床に生える多年草で、地下茎を伸ばしてふえる。若いときは根生葉が1枚出るだけだが、株が充実すると高さ70〜120㎝の花茎を出し、円錐花序に趣のある花を咲かせる。頭花は直径8〜10㎜。葉ははじめクモ毛に覆われているが、のちに無毛となる。葉柄は長く、葉身は直径35〜50㎝で、掌状に深く裂ける。

〈**採取法**〉葉が開きはじめた頃の若い葉や若い芽を、手でぽきっと折れるところから採取する。手の温もりで茎がかたくなるので、採ったらすぐに袋などに入れる。

〈**料理法**〉根元のかたい部分を切り、茹で過ぎに注意して茹でる。ほのかな苦みとフキ(p.20)に似た風味があり、胡麻和え、胡桃和え、白和えなどの油分の多い料理に使うとおいしい。

春 山や雑木林

▲秋には白と茶色の頭花をつける

調理例

香りとコクのあるモミジガサの天ぷら

キク科 コウモリソウ属

# モミジガサ

Parasenecio delphiniifolius

　葉がモミジに似て開く前は傘をすぼめたようなのでこの名がついた。香りとコクのある人気の山菜だが、よく似た猛毒のトリカブト（p.203）と間違えたことによる中毒事故が毎年のように起こる。猛毒のトリカブトの葉は無毛で香りはない。モミジガサの葉には毛があり、強く香る。山地の湿った木陰や沢沿いに生え、地下茎を伸ばしてふえる。茎の高さは60〜80㎝、葉は14㎝ほどの長い柄をつけて互生する。葉身は長さ15㎝ほどでモミジ状に裂け、表面に細かい毛がある。秋に茎の先に円錐花序を出し、頭花をつける。

紅葉傘　別名 シドケ・モミジソウ

■ 春　■ 北海道（南部）〜九州
✤ 多年草　❀ 8〜9月

〈採取法〉葉をすぼめた若芽を採り、袋に入れる。一つ一つの香りを確かめる。
〈料理法〉生で天ぷらがよく合う。アクがあるが、香りと味を楽しむためには茹で過ぎないようにして胡麻和え、ピーナッツ和え、納豆和え。

▲中秋の頃に白い花が咲く

▲秋が深まる頃、冠毛をつけた種子が飛ぶ

キク科 シオン属
# ゴマナ
Aster glehnii var. hondoensis

胡麻菜

🍃春　🦌本州　✦多年草
❀9〜10月

　背の高くなるキク科の仲間。葉の形が胡麻の葉に似るのでこの名がついた。若い葉はくせもなく、よい香りがあって食用となる。山の草原や道端、渓流沿いなど、湿った明るい場所に生える。太い地下茎があり、茎を立てながら広がって群生する。茎は毛があって高さ1〜1.5m、根出葉は花の頃には枯れている。茎葉は互生し、短い柄があり長さ13〜19cm、楕円形で縁に粗い鋸歯がある。裏面に腺点、両面に毛がありざらつく。茎の先に散房花序を出し、直径1.5cmほどの白色の頭花が平たく群れ咲く。北海道には変種エゾゴマナが分布し、同様に食べられる。

〈採取法〉若芽を切り採る。茎が少し伸び過ぎたものでも、先端のやわらかい部分は食べられる。

〈料理法〉茹でて水にさらす。和え物（胡麻、胡桃、辛子）、生で天ぷら。

▲大型の草で、黄色い頭花を多数つける

春　山や雑木林

調理例

ハンゴンソウの若芽の胡桃味噌和え

キク科 キオン属

# ハンゴンソウ

*Senecio cannabifolius*

反魂草

- 春
- 北海道・本州（中部地方以北）
- 多年草
- 3〜6月

　キク科の大きな多年草で、山地の湿った草原や林縁、湿原の周辺などに生える。紫色を帯びた茎は直立し、高さ1〜2mになる。葉は羽状に3〜7深裂し、長さ20cm程度。縁に内側に曲がった鋸歯があり、葉柄の基部には小さな1対の耳がある。夏には頂に大きな散房花序を出し、直径2cmほどの頭花を多数つける。「反魂草」は、死者の魂をよび返すという意味だが、中国の別の薬草と間違えられてつけられた。名前の似たオオハンゴンソウは北アメリカ原産の帰化植物で、葉は似るが別属で頭花は直径5〜8cm。特定外来生物に指定され、毒ではないがふつうは食べない。

〈採取法〉新芽でも高さ20〜30cmある。アクが強く、手袋をしてナイフで切る。
〈料理法〉木灰か重曹でよく茹で、一晩水に浸ける。塩漬にしてアク抜きするとうまみが出る。和え物、煮物など。

▲白から青紫色の釣り鐘状の花が咲く

調理例

若芽の天ぷら

**キキョウ科 ツリガネニンジン属**

# ツリガネニンジン

*Adenophora triphylla var. japonica*

釣鐘人参　別名 ツリガネソウ・トトキ

🌱 春　🗾 北海道～九州　✦ 多年草
❀ 8～10月

　青紫色の釣り鐘状の花が愛らしい。野山や高原の草地に生えて、茎は高さ40～100cmになる。白くて太い根があるのを朝鮮人参にたとえた。茎や葉を傷つけると乳液を出す。長い柄のある根出葉は円形、茎葉は柄がほとんどなくなり、ふつう3～4枚が輪生する。若い芽をトトキとよんで、昔からおいしい山菜とされ、薬草ともされるが、平地の里山では数が減って希少種になりつつある。夏から秋に、茎の先に円錐花序を出し、1～数個の鐘形の花が輪生し、下向きに咲く。萼片は反り返り、花冠の長さは15～20mmで、花柱は花冠から突き出し、先が3つに割れる。
〈採取法〉一株で7～8本の芽が立つが、全部は摘まず、半数は残す。少し成長していても先端は利用できる。
〈料理法〉茹でておひたし、胡麻や胡桃和え。生で天ぷらにもできる。

▲清流を引いたワサビ田で栽培される

葉のおひたし。辛みを引き出すのがこつ

▲早春の花や葉を摘む。葉は光沢がある

アブラナ科 ワサビ属

# ワサビ

*Eutrema japonicum*

山葵

🍃 春　📍 北海道〜九州　✦ 多年草
❀ 3〜5月

　つんと鼻に抜ける辛みと香り。日本独自の香辛料で、太い根茎をすって寿司や刺身に添える。山の渓流に自生するが数は少なく、根茎も細いので、山菜としては葉や花茎を利用する。生の葉は苦いだけだが、熱湯をかけたり揉んだりして細胞が壊されると、辛みの元と酵素が出会い、辛くなる。茹でると酵素自体が壊れて辛みが出ない。根生葉は直径6〜12cmの心臓型で長い柄がある。春に茎が高さ20〜40cmに立ち、直径1cmの白い4弁花が総状に咲く。同属のユリワサビは全体に小さく茎は地を這い、同様に山菜となる。

〈採取法〉根茎は残し、花や葉を摘む。
〈料理法〉花や葉や茎は2cmに切り、ざるに入れて熱湯を均等にかける。水で冷やして強く揉み、おひたし。密閉容器に入れて数時間置くと辛みが増す。醤油漬けにして冷蔵すると保存がきく。

イラクサ科 ムカゴイラクサ属

# ミヤマイラクサ
*Laportea cuspidata*

深山刺草　別名 アイコ

🌱 春　📍 北海道〜九州　✚ 多年草
✿ 7〜9月

　茎にも葉の裏にも細く鋭い刺毛（しもう）がびっしりと生えていて、素手で触ると皮膚に刺さる。それどころか、刺毛にはヒスタミンと蟻酸が仕込まれているため、皮膚炎を発症して痛く痒くなり、後々までかぶれることもある。それでも東北地方では親しみを込めてアイコとよび、ブナ林が新緑になる頃の山菜として好み、山菜の王とも讃える。山の湿った沢沿いや林内に生えて、

茎の高さは 40〜80cm。長い柄をもつ葉は互生し、葉身は長さ8〜20cmの広卵形で先が尾状に伸び、縁に粗い鋸歯がある。夏から秋に、茎の上部に緑色の穂状の雌花序、下部に白い円錐状の雄花序をつける。アンデルセン童話の「白鳥の王子」に出てくるように、茎の繊維は丈夫で、絹の光沢をもつ糸や織物に加工される。同属の**ムカゴイラクサ**は葉腋にむかごをつける。

春 山や雑木林

▲花期のミヤマイラクサ

▲渓流沿いの岩に張りつくように生える

◀花期のムカゴイラクサ。山地の陰湿地に生え、葉腋にむかごをつける

〈採取法〉全草を刺毛で覆われ、素手で触ると痛く痒いので、採取には長袖、手袋を着用する。上の写真は食べるには伸び過ぎで、芽の先端の葉が開きはじめた頃に、下のほうから折って採るようにする。ムカゴイラクサも同様にして食べられる。

〈料理法〉主に茎を食べる。熱湯で茹でると刺毛は気にならなくなるので、茎の下部に包丁で切れ目を入れ、皮を下からむく。和え物、汁の実、煮物。開いた葉は天ぷら。

調理例

ミヤマイラクサの若葉の天ぷら

キジカクシ科(ユリ科) ギボウシ属

# オオバギボウシ
*Hosta sieboldiana*

**大葉擬宝珠**　別名 ウルイ

🌱 春（若葉）・夏（花）　📍 北海道〜九州
✦ 多年草　❀ 6〜8月

　ギボウシの仲間は、山地のやや湿った林内や草原などに自生し、古くから観賞用、食用に栽培されてきた。オオバギボウシは大型の葉をもつ種類で、若葉はウルイとよばれて山菜として好まれ、茹でて乾燥したものは「山かんぴょう」とよばれて保存食とされる。最近はハウス栽培もされ、春先には軟白された若葉が出回る。ギボウシの名は、蕾の形を橋の欄干の擬宝珠に見立てたことに由来する。近年はヨーロッパで改良された園芸品種がホスタの名で日本に逆輸入されている。葉は根際から放射状に広がり、葉身は長さ30〜40cmの卵状楕円形、裏面の脈が隆起し、長い柄をもつ。夏に高さ50〜100cmの花茎が立ち、薄紫色をした長さ4〜5cmの花が下から上へ、次々に咲く。花は一日花。若芽は有毒なバイケイソウ（p.216）やコバイケイソウ

春 / 山や雑木林

▲花期のオオバギボウシ

▲春先に大きな葉を広げたオオバギボウシ

（p.217）に似るが、ギボウシ類の葉はすべて根元から出る根生葉で主脈と側脈が明瞭。

〈採取法〉若葉を根元からナイフで切り採る。濃い緑色に広がった葉身部分はかたく苦いので取り除き、葉柄を食用にする。花も食用になる。

〈料理法〉アクもなく、茹でるだけで料理の幅が広がる。甘みとぬめりがあり、和え物、酢味噌。生のままで、煮物、卵とじ。花は茹でて酢の物に。コバギボウシも同様に利用する。

キジカクシ科（ユリ科）ギボウシ属

## コバギボウシ
*Hosta albo-marginata*

- 春
- 本州〜九州
- 多年草
- 7〜8月

コバギボウシは小型のギボウシで、日当たりのよい湿地に生える。花は色が濃く、花茎の高さは30〜40cm。

▲芽が伸びて葉が広がると花が咲く

→ 調理例

おひたし。北海道ではアズキナとよぶ

キジカクシ科(ユリ科) ユキザサ属

# ユキザサ

*Maianthemum japonicum*

雪笹　別名 アズキナ

🍃 春　📍 北海道〜九州　✦ 多年草
🌸 5〜7月

　葉の形がササに似て、雪のように白い花をつけるのでこの名がついた。やわらかな若芽や若葉を食用とするが、採取は少量にとどめる。山地の落葉広葉樹の林下や林縁に生え、多肉質の根茎をよく伸ばして広がる。若芽は白い鞘状の葉に包まれて伸びてくる。葉は両面に毛があり、特に裏面の脈上のものは粗い。茎は高さ20〜70cm、茎の先に粗い毛のある円錐花序を出し、花被片が長さ3〜4mmの白色の6弁花を多数つける。果実は液果で秋に赤く熟す。芽出しの頃は有毒のホウチャクソウ(p.214)に似るので蕾の形で確認する。

〈採取法〉白い鞘に包まれて立ちはじめた若芽を根元から採る。

〈料理法〉さっと湯がき、甘い風味を楽しむ。おひたしや酢味噌和え。天ぷらは塩で食べるとよい。

▲花は白からクリーム色で葱坊主に似る

調理例

ギョウジャニンニクのスープパスタ

春 　山や雑木林

ヒガンバナ科（ユリ科）ネギ属
# ギョウジャニンニク
*Allium victorialis* subsp. *platyphyllum*

　強いニンニク臭をもち、滋養強精によいとされる山菜。山奥で修行する行者もこれを食べたという。深山の林下に生えるが、野生株は乱獲により激減しており、採取は控えて保護に努めたい。食用に栽培もされて若芽や加工品や苗が市販され、最近はニラと交配した「行者菜」も売り出されている。地下に鱗茎があり、2〜3枚の葉は長さ20〜30cmで葉柄の下半分は茎を抱く。

行者大蒜　別名 アイヌネギ・ヤマニンニク

春　　北海道・本州（近畿地方以北）
多年草　　6〜7月

　夏に高さ40〜70cmの花茎を伸ばし、直径5cmほどの丸い花序を出す。
〈採取法〉葉が開きかけの若芽の地上部を食用とする。有毒なスズラン（p.208）やバイケイソウ（p.216）をギョウジャニンニクと間違えて食べる中毒事故が多発するので要注意。
〈料理法〉ニンニク臭を生かす。茹で過ぎは禁物。おひたし、和え物。スープ、ベーコンと共にパスタの具。

ユリ科 カタクリ属

# カタクリ
*Erythronium japonicum*

片栗　別名 カタカゴ

🍂 春　　北海道～九州　✦ 多年草
✿ 3～5月

　木々が芽吹く前、林床に光がそそぐ短い間に葉を広げ、花を咲かせて種子を作る「スプリング・エフェメラル」の代表種。北海道や東北・北陸地方では落葉樹林下に大群生が見られるが、関東以南では少ない。地中深くもぐった鱗茎から採れるデンプンが本来の片栗粉だが、現在の片栗粉はジャガイモのデンプンである。花の時期に地上部を摘んで食べるが、数の少ない地域では山菜としての採取は慎みたい。種子は発芽して数年は小さな葉を1枚出すだけで、毎年少しずつ鱗茎にデンプンを蓄え、7～8年後にようやく花が咲くまでに育つ。開花の年は葉も2枚出す。葉は長さ6～12cm、厚みがあってやわらかく、淡緑色の地に暗紫色の斑紋がある。木々が葉を広げる頃には葉は枯れて実が熟し、エライオソームをつけた種子をアリが運んでいく。

春 山や雑木林

▲早春の落葉樹の林床を彩るカタクリ群落。近年では、関東以南でこのような群落を見る機会は減ってしまった

▲花茎の高さは10〜20cm、先に紅紫色の花を1個下向きにつける。花被片は長さ4〜5cm、内側にW字形の濃紫色の斑紋がある。花被片は日に当たると強く反り返る

## Column 消えゆく野花
文・多田多恵子

　かつてカタクリは身近な野花だった。今でも北国に行けば、林床一面に咲く光景に会い、地元では花や葉を摘んで食べたりもする。

　しかし、関東以南ではカタクリは絶滅が危惧されるほどに減少した。もともと生育環境が限られていたところに、開発に伴う自生地の消滅、薪炭林として使われなくなり雑木林が荒廃したこと、庭に植えて楽しむための掘り採り、などによる減少が追い打ちをかけた。同じことはニリンソウ（p.203）などにもいえる。

　里山には野花の咲く草地も保たれていた。屋根を葺く用途のススキ原、田の畦や谷戸の斜面、川やため池のほとり。キキョウなどの野花が咲くそうした草地も、人の生活の変化に伴い明治以降は外来種が繁茂する荒れ野に変わっていった。本書に収録したものでも、ナンテンハギ（p.42）、アマドコロ（p.44）、ツリガネニンジン（p62）などは平地や低山では数が減っている。里山から消えゆく傾向にある在来種は大事に守りたい。

◀ニリンソウ。山菜ともされるが、最近は減少傾向にあり、猛毒のトリカブト（p.203）に似て、ニリンソウ自体も有毒なので、本書では扱っていない

コウヤワラビ科(オシダ科) クサソテツ属

# クサソテツ

*Matteuccia struthiopteris*

草蘇鉄　別名 コゴミ・コゴメ

🌱 春　📍 北海道〜九州
✚ 夏緑性シダ植物

　日本の山野に広く分布するシダの仲間で、比較的日当たりのよい斜面や林縁のやや湿った場所に生える。開いた葉がソテツの葉に似ているのが名前の由来だが、コゴミの名のほうが通りがいい。コゴミの名は食用にする若芽の渦を巻いた形が、人間がかがんでいるように見えるため。ワラビ（p.50）などと違いアクがなく、調理がしやすいので、煮物、おひたし、和え物、揚げ物などに利用される。東北地方を代表する山菜の一つだが、北米大陸北東部に自生し、現地でも食用になる。根茎は直立し、地中で横に長く伸びて新しい株を作る。葉には春に出る栄養葉と秋に出る胞子葉の2型がある。食用にするのは栄養葉で、成長すると葉柄は長さ8〜25cm、葉身は長さ50〜150cmになる。胞子葉は生花やドライフラワーの材料に利用される。抗酸化作用

春 山や雑木林

▲斜面に生えたクサソテツの栄養葉

▲渓流沿いから一斉に伸びる若芽

をもつ化学成分を多く含むことから、抗酸化剤として食品はもちろんのこと、化粧品などへの利用法が研究されている。
〈採取法〉春先、渦を巻いた状態の若芽を手で摘む。株から出た葉の全部を摘まず、半数程度の収穫にとどめる。
〈料理法〉アクがないので、摘んだ葉についた綿毛を取り除き、そのまま2～3個まとめて天ぷらに。茹でて、煮物、おひたし、胡麻味噌、マヨネーズ和えなど、いろいろな料理に使える。

調理例

天ぷら（上）、マヨネーズ和え（下）

▲ 葉は秋にレモンイエローに黄葉する

調理例

若芽の天ぷら。香りとコクがある

ウコギ科 ウコギ属

# コシアブラ

Chengiopanax sciadophylloides

漉油　別名 ゴンゼツノキ・ゴンゼツ

🍃 春　📍 北海道〜九州　✦ 落葉高木
✿ 8〜9月

　同じウコギ科のタラノキ（p.77）と並んで、香りがよく、最近はタラノキをしのぐ人気がある。やや標高がある山地の林内に生え、高さ7〜20mになる。葉は5小葉からなり、互生する。葉柄の長さは10〜20cm、小葉は最も大きい頂小葉の長さは10〜20cm、先端がとがり、縁には芒状の鋸歯がある。枝先に散形花序を出し、長さ1.5mm、黄緑色の5弁花を多数つける。幹を傷つけて得られる樹脂を漉して塗料としたので、この名がある。

〈採取法〉枝先の冬芽から葉が完全に開く前の若芽を、つけ根からもぎ取るようにして採る。

〈料理法〉香りとコクを楽しむなら生のまま天ぷら、生の芽を肉で巻いてロール焼き、冬芽のなごりの芽鱗（がりん）を取り除き、茹でて水にさらして、胡麻や胡桃和え。

▲ヤマウコギの花と葉。写真は雄株

▲ヒメウコギの花と葉。枝にとげがあり、庭木や生け垣に植えられる

ウコギ科 ウコギ属

# ヒメウコギ
*Eleutherococcus sieboldianus*

🍃春 　🗾日本各地（帰化植物）
✤落葉低木 ❀5〜6月

中国原産の帰化植物。単にウコギともよぶ。薬用として渡来し、一部が野生化した。ヤマウコギと同様、食用や薬用にする。

ウコギ科 ウコギ属

# ヤマウコギ
*Eleutherococcus spinosus*

山五加　別名 オニウコギ

🍃春　🗾本州（岩手県以南）・四国
✤落葉低木 ❀5〜6月

　タラノキ（p.77）に似た香りがあり、山菜として人気がある。丘陵や山地に生え、高さ2〜4mになる。枝には節ごとに長さ3〜13㎜の平たく鋭いとげがある。葉は長枝には互生し、短枝には束生する。5小葉からなる掌状複葉で、最も大きい頂小葉の長さは3〜7㎝。雌雄異株で、短枝の先に球状の散形花序を1個出し、黄緑色の5弁花が丸く集まる。ふつうヒメウコギやオカウコギをまとめてウコギとよぶ。山形県米沢地方ではヒメウコギの栽培が盛んで、ウコギふりかけやドレッシングなどが市販されている。成長した葉はお茶の代用、根皮は漢方薬になる。

〈採取法〉やわらかな新芽を採る。
〈料理法〉さっと茹でてから水にさらし苦みを取る。和え物や天ぷら。生の葉を刻んでご飯に混ぜてウコギ飯。ヒメウコギも同様に利用する。

▲若木の幹と葉。幹には鋭いとげがある

✂ 調理例

若芽の天ぷら。香りがよくおいしい

ウコギ科 ハリギリ属

# ハリギリ

*Kalopanax septemlobus*

針桐　別名 センノキ・ミヤコダラ

🍂 春　🗾 北海道〜九州・南千島
✦ 落葉高木　❀ 7〜8月

　若芽はアクと香りがとても強いが、天ぷらにして食べると個性的な味が楽しめる。山地に生え、高さ10〜30m、直径1mほどになる。樹皮は暗褐色で縦に粗い裂け目が入る。枝や幹には太く鋭いとげが多くあり、長楕円形の皮目がある。葉は互生し、葉柄は長さ10〜30㎝、葉身は直径10〜25㎝で掌状に5〜9裂し、縁には鋭く細かい鋸歯がある。枝先に球状の散形花序を出し、長さ2㎜ほどの黄緑色の5弁花を多数つける。

〈採取法〉赤い冬芽が開いて葉がのぞき出した頃の若芽を折り採る。大木だが若木を見つけ、先端がかぎになった棒で枝を手繰り寄せる。枝に鋭いとげがあるから手袋は必需品。

〈料理法〉かたい芽鱗（がりん）を取り除き、そのまま天ぷらにして食べるのがよい。

春 樹木

▲花期のタラノキ。枝先の複散形花序に、直径約3㎜の淡緑白色の5弁花を咲かせる

調理例

若芽の天ぷら（上）、胡桃和え（下）

ウコギ科 タラノキ属

# タラノキ
*Aralia elata*

楤木　別名 タラ・タランボ・ウドモドキ

🍃 春　🗾 北海道〜九州　✦ 落葉低木
✿ 8〜9月

　タラの芽は「山菜の王様」ともよばれ、春のほのかな香りとほろ苦さを旬の季節に楽しむ。近年は栽培も進み、店頭で手頃な価格で購入でき、長期にわたって旬を楽しめるようになった。山野に自生し、伐採跡地や崩壊した斜面のような荒れ地に多く、幹は高さ2〜5mになり、鋭いとげがびっしりつく。葉は互生し、長さ50〜100㎝の2回羽状複葉で、枝先に集まってつく。小葉は長さ5〜10㎝、縁には粗い鋸歯がある。葉柄や葉軸にも鋭いとげがあり、葉の両面に毛が生えている。
〈採取法〉手袋を着用し、とげに注意して一番芽を根元からもぎ採る。二番芽を採ると木が枯れてしまうので、一番芽のみの採取にとどめる。
〈料理法〉芽鱗（がりん）を取り、太いものは根元に十字の刃を入れ、天ぷらやフライ。茹でてからホイル蒸し、煮物。

▲夏に赤く熟した果実は小粒だがジューシー

若芽の天ぷら。おいしいが多食は禁物

レンプクソウ科(スイカズラ科) ニワトコ属

# ニワトコ

*Sambucus racemosa* subsp. *sieboldiana*

庭常　別名 セッコツボク・タヅノキ

🍃 春・夏　　本州～九州
✤ 落葉低木～小高木　❀ 3～5月

若芽や葉には独特のにおいがあるが、食用とする。ただし、植物全体に少量の青酸配糖体を含むので、多食すると下痢を起こす。果実は果実酒に、花や茎、枝葉や根は生薬となる。明るい野山に自生し、枝を四方に広げて高さ2～6mになる。葉は対生し、5～11対の小葉からなる奇数羽状複葉。春早く、枝先に円錐花序を出し、クリーム色の小花を多数つける。果実は直径5mmほどで夏に赤く熟す。近縁種のセイヨウニワトコは神聖な木とされてハリー・ポッターの杖もこれで作られ、黒く熟す実（エルダーベリー）や花はジュースやジャムとされる。

〈採取法〉冬芽が開いてすぐの若芽を折り採る。果実は房ごと採取する。

〈料理法〉若芽はそのまま天ぷら、茹でて一晩以上水にさらして胡麻和え。果実はリカーに浸けて果実酒。

春 樹木

▲枝先に長さ10〜20cmの総状花序を出し、直径5〜6mmの白い5弁花を多数つける

〈調理例〉
若芽の煮びたし

リョウブ科 リョウブ属
# リョウブ
*Clethra barbinervis*

**令法** 別名 ハタツモリ

🍃 春　🗾 北海道（南部）〜九州
✦ 落葉小高木　❀ 6〜8月

　律令時代に飢饉に備えて若芽を干したものを保存食として備蓄するため、土地の面積に応じて植えるように命じられたことから「令法」の名がついた。古名は「畑つ守」で、畑の面積に対する割当量を意味する。備蓄された葉は米飯の増量に使われた。新芽は食べられるが、ごもごもした食感でアクも強く、現代人にはあまりおいしい食材ではない。山野の乾いた落葉樹林や伐採跡地に生え、茶褐色の滑らかな幹が美しいので庭や公園に植えられる。幹は株立ちして高さ3〜6mになり、葉は枝先に集まってつく。夏には白い花が長い穂に垂れて咲き、よい香りがする。

〈採取法〉若木の新芽を、つけ根から手でちぎるように採る。

〈料理法〉アクが強いので茹でてからよく水にさらす。煮びたし。細かく刻み煮つけてからご飯に混ぜてリョウブ飯。

▲雌雄異株で、枝先から1〜3cmの円錐花序を出す。写真は雄花序。花は目立たない

▲熟して裂けて開いた果実。黒いのは種子

調理例
サンショウの香りの味噌田楽

ミカン科 サンショウ属

# サンショウ
*Zanthoxylum piperitum*

山椒　別名 ハジカミ

🍃 春〜初夏・秋(熟果)　📍 北海道〜九州
✤ 落葉低木　❀ 4〜5月

　「木の芽」といえばこの若芽を指す。香りと辛みを合わせもつ日本独自の香辛料で、春の若葉はタケノコ料理や田楽、夏の若い実は佃煮、秋の熟果の果皮の粉末はウナギの蒲焼きに欠かせない。高さ1〜2mほどで、野山の雑木林や林縁に生え、庭にも植える。枝には鋭いとげが1対ずつつく。葉は奇数羽状複葉で、手で叩くと香りが立つ。雌雄異株で、雌株には直径約5mmの実がつき、秋に赤く熟す。果皮は辛み成分を含み、「山椒は小粒でもぴりりと辛い」の諺の通り、嚙むと舌がしびれるほど辛い。近縁種のイヌザンショウは香りが悪くて使えない。

〈採取法〉若葉を摘む。若い実の収穫は、種子がかたくなる前の5月中下旬頃。熟果は開いた果皮を集める。

〈料理法〉葉はすり鉢ですって味噌和え、佃煮。若い実は佃煮。果皮は薬味。

▲本年枝の先に円錐花序を出し、初夏に香りのよい長さ7〜8㎜の白色5弁花をつける

ミツバウツギ科 ミツバウツギ属

# ミツバウツギ

*Staphylea bumalda*

三葉空木　別名 コメノキ・コメゴメ・ハシギ・ナンマイ

🍃 春　🐾 本州〜九州・沖縄
✤ 落葉小高木　✿ 5月

　ウツギの仲間ではないが、枝ぶりや白い花がウツギに似て、3つの小葉をつけることが名の由来。若芽は微かに胡麻油の香りがあり、クセがなく食べやすい山菜として様々な料理に使われる。山形では若芽を茹でて乾燥させたものを「はしぎ干し」とよんで貯蔵し、水で戻して煮物などに使う。材は縦に割れてかたく、箸や木釘に使われる。山の沢沿いに生え、高さ3mほどになる。葉は対生し、3出複葉で縁に細かい鋸歯がある。白い花が半開きに咲き、初心者マークの形をした袋状の実を結ぶ。芽吹き時は猛毒のドクウツギ（p.233）に似るので3小葉を確認する。

〈採取法〉春の若芽や、爪が立つくらいやわらかな枝先の部分を摘む。

〈料理法〉生のまま天ぷら、油炒め、煮びたし、茹でておひたし、和え物、汁の実、菜飯。茹でて冷凍保存もできる。

マメ科 フジ属

# フジ
*Wisteria floribunda*

藤　別名 ノダフジ

- 春・秋　本州〜九州
- 落葉つる性木本　4〜5月

　よく藤棚に植えられるが、野山の林縁などに自生する日本固有種で、つるは高く巻き登って幹は直径30㎝にもなる。春の若いつるや葉、晩春の蕾や花を山菜とする。葉は互生し、小葉11〜19枚からなる奇数羽状複葉。春には枝先に長さ20〜50㎝ほどの総状花序を垂れ、薄紫色の花が甘く香る。莢は長さ10〜19㎝で平たく、冬に裂けてねじれ、円盤状の種子を弾き飛ばす。生の種子は有毒で、煎って食べることもあるが、嘔吐や腹痛などの中毒例があるので特に子どもの摂食は避ける。

〈採取法〉若いつるや葉を摘み採る。蕾や6分咲きの花を花序ごと採る。近縁種のヤマフジも同様に利用できる。

〈料理法〉若芽は生で天ぷら、さっと茹でて水に浸し、おひたし、和え物、油炒め、佃煮。蕾や花は天ぷら、茹でて酢の物、サラダ、砂糖漬け、花酒。

春 樹木

▲花は基部から下に向かって咲いてゆく

▲ビロード状の毛に覆われた若い実の莢

▲左がフジで左巻、右はヤマフジで逆向き

▲ほぼ熟した実と種子。種子は有毒。煎れば食べられるが、加熱が不十分だと中毒する

▲成長したハチク。稈はロウ質で白っぽい

◀モウソウチクのタケノコ。皮は褐色の毛が密生し、黒い斑がある

**イネ科 マダケ属**

# ハチク
*Phyllostachys nigra* var. *henonis*

　日本の竹類の中では最も耐寒性があり、竹材を工芸品に利用する用途で広く栽培される。タケノコは4月下旬〜5月に伸び、皮は淡褐色で斑紋はない。掘らずにやわらかい地上部分を利用する。採りたては苦みやえぐみがなく、アク抜きなしで食用になる。稈は高さ8〜20m、直径3〜10cmになり、白いロウ質を帯びる。枝は稈の節から2本ずつ出て、節には環状の隆起が2重にある。稈が黒くて小形の変種をクロチクとよび、観賞用に植栽する。市販のタケノコは**モウソウチク**が多い。

〈採取法〉30〜40cmほど地上に伸びたタケノコを鎌などで切り採る。モウソウチクのように、地中にあるうちに掘り起こすことはしない。

〈料理法〉皮をむき、米のとぎ汁か糠を入れ、竹串が通るまで茹でて煮物。皮のまま網で焼いてもおいしい。

**淡竹**　別名 クレタケ・カラダケ

🍃春　📍北海道（中部以南）〜九州・沖縄（栽培・野生化）　✦常緑多年生禾本

春 樹木

▲中に分け入れないほど密生した藪になる

⟨調理例⟩
採りたてのタケノコの味噌汁は美味

イネ科 ササ属

# チシマザサ

*Sasa kurilensis var. kuriloensis*

千島笹　別名 ネマガリタケ・エチゴザサ・ヒメタケ

🍂 春〜初夏　🗾 北海道〜本州（中部地方以北の日本海側）　✦ 常緑多年生禾本

　北国の雪深い山に生える大型のササ。春には直径1.5cmほどの細身のタケノコが伸び、根曲がり竹、姫竹とよばれて人気の高い山菜となる。採りたてはえぐみもなく、皮をむいてそのまま味噌汁に入れても、炭火で皮ごと焼いてもやわらかく香ばしく食べられる。稈の根元が曲がっているのは雪国の植物に共通する特徴で、冬の積雪の圧力に折れないための柔軟な適応だ。

成長した稈は高さ1〜3mになり、山の斜面を覆って大群落を作る。枝は稈の節から1本ずつ出て上部で枝分かれする。葉は長さ18〜28cmで厚く、両面とも無毛で、表面に光沢がある。

〈採取法〉5〜6月頃、10cmほど地上に出たタケノコを、手で持ち上げてひねると根元から簡単に採れる。

〈料理法〉米のとぎ汁で茹でて味噌汁や煮物。皮のまま網で焼くのもよい。

春に比べると山菜として利用される植物はぐっと少なくなるこの季節。でもよく知っている植物の、山菜としての別な一面を知って食膳に上らせる楽しみはまた格別。オランダガラシ、ベニバナボロギクなど、世界各地で食用とされている種類が帰化植物として日本にも定着しているのです。一方、ヒルガオやツユクサなど、この季節を彩る草花の若芽も山菜として利用できます。夏の味覚・アユの塩焼きに添えるタデ酢は、ヤナギタデの葉で作ります。

昼顔に認めし紅の淋しさよ　松本たかし

夏

▲長さ1cmほどの頭花を下向きに咲かせる

▲冠毛がサワギク（別名ボロギク）に似ていて、紅い花をつけるのでこの名がある

キク科 ベニバナボロギク属

# ベニバナボロギク

*Crassocephalum crepidioides*

紅花襤褸菊

🍃 春〜夏　　🌏 日本各地（帰化植物）
✦ 一年草　　❀ 8〜10月

　アフリカ原産の帰化雑草で、世界の温帯・亜熱帯地域に広く野生化し、食用野菜として利用されている。日本では第二次世界大戦後に九州で確認され、短期間で関東地方以西まで広がった。全体に春菊に似た香りがあり、戦時中に南方へ出兵した日本兵は南洋春菊や昭和草とよんで食べた。伐採跡などにいち早く群落を作る先駆植物で、一、二年後にはほかの植物に負けて消えてしまう。初夏に高さ70cmほどに成長し、紅色の花がうつ向いて咲く。全草を干したものを煮出して飲むと利尿作用があるという。有害重金属カドミウムの吸収作用があり、汚染農地の浄化用に注目されている。

〈採取法〉やわらかな葉や茎を摘む。夏でも葉は基部までやわらかく食べられる。

〈料理法〉生のまま天ぷら。茹でた葉はおひたし、和え物など。

▲直立する花茎に穂状花序をつけ、白く小さな花が下から咲きあがる。丈夫な繊維を使った草遊びに、花茎を絡めて引っ張り合う「オオバコ相撲」がある

夏 / 人里や野原

**オオバコ科 オオバコ属**

# オオバコ
*Plantago asiatica*

**大葉子・車前草**　別名 シャゼンソウ・スモウトリグサ

🌱 春〜夏　📍 日本全土　✦ 多年草
❀ 4〜10月

　人や車に踏まれることの多い野道や空き地に生える多年草。大きな葉をロゼット状に広げるので大葉子と名がついた。葉は長さ5〜20cmほどで、並行する5本の丈夫な筋が通っている。子どもたちにはウサギの餌として知られるが、カルシウムを多く含むので陸ガメの餌としても有名だ。古来有名な薬草で、全草を乾燥したものが漢方の「車前草」、種子は「車前子」とよぶ。民間では生葉をあぶって腫物の吸出しなどにも使った。オオバコ類の種子外被は粘液質の食物繊維を多く含み、水分を吸うと約40倍にふくらむことから、食べると満腹感が得られるとして、ダイエット食品に利用されている。

〈採取法〉若葉ややわらかな葉を摘む。
〈料理法〉若葉は生のままで天ぷら。広がった葉は塩茹でし、やわらかくして和え物や油炒め、汁の実など。

▲昼間に咲くので、朝顔に対して昼顔とついた。葉のつけ根に直径5～6cmで漏斗形の花を1個つける。萼は大きな卵形の苞葉に包まれる。地下茎でふえ、結実率は低い

▲コヒルガオの花。ヒルガオと似ているが全体に小ぶりで、葉の基部が横に張り出す特徴がある。都市部にもよく生えている

### ヒルガオ科 ヒルガオ属

# ヒルガオ
*Calystegia pubescens* f. *major*

昼顔

🌱 春～夏　📍 北海道～九州
✤ つる性多年草　🌸 6～8月

　日当たりのよい野原や道端に生え、アサガオに似たピンク色の花を夏の日中に咲かせる。つる植物で、ほかの植物やフェンスの金網などに絡んで広がる。『万葉集』で「かほばな」の名で詠まれるほど、古くから親しまれる野草。生薬名は旋花で、全草を乾燥したものは利尿効果や滋養強壮、生葉は虫さされに効くとされる。葉は互生し、葉身は長楕円形で基部はほこ型に小さく張り出す。近縁種の**コヒルガオ**は花や葉が小さめで、葉は側裂片が耳状に大きく張り出し、花柄にひれ状の翼がある。ちなみにアサガオの種子は有毒なので誤飲しないように要注意。

〈採取法〉若芽、若いつる、花を摘む。コヒルガオも同様に食べられる。

〈料理法〉若芽やつるは汁の実、さっと茹でて胡麻和えなど。花は生でサラダ、酢を入れた湯をくぐらせて三杯酢。

夏 人里や野原

黄色い花は直径6〜8mmと小さい。園芸植物のハナスベリヒユは本種とマツバボタンの交配種

スベリヒユ科 スベリヒユ属

# スベリヒユ
*Portulaca oleracea*

滑莧

🍃 夏　🗾 日本全土　✦ 一年草
✿ 7〜9月

　全体が多肉質の小さな草で、畑地や市街地など、日当たりのよい地面を低く這って広がる。世界の熱帯〜温帯に雑草として広く分布するが、栽培品種も作られ、タチスベリヒユとよばれて野菜とされる。生でサラダにすると酸味とシャキッとした歯ざわりが楽しめるが、シュウ酸を多量に含み下痢や結石の原因となるので、多量の生食は避けること。スベリヒユの名は茎葉を茹でた際、ぬめりが出ることに由来する。葉は長さ2cmほどで互生し、夜は閉じる。茎は紅紫色で根元から枝分かれし、地面を這って広がる。

〈採取法〉全草を抜き取り根は捨てる。
〈料理法〉若い茎や葉は熱湯で茹で、よく水にさらしてから、辛子醤油などの和え物、おひたし、汁の実など。葉をしごいた茎を数日間天日で干してから茹で戻し、煮物や和え物にする。

ヒユ科 イノコヅチ属

## ヒナタイノコヅチ
*Achyranthes bidentata* var. *japonica*

- 🌿 夏　　📍 本州〜九州　✦ 多年草
- 🌸 8〜9月

　木陰に生えるイノコヅチに対し、本種は明るい道端に生え、都市部にも多い。イノコヅチより花序が密で、葉は厚く葉脈がくぼむ。

ヒユ科 イノコヅチ属

## イノコヅチ
*Achyranthes bidentata* var. *japonica*

猪子槌　　別名 ヒカゲイノコヅチ

- 🌿 春〜夏　📍 本州〜九州　✦ 多年草
- 🌸 8〜9月

　里山の竹藪や道端などの半日陰にふつうに生える。茎は高さ50〜100㎝、四角形で節が太く、対生の枝を出す。節の太い茎を猪の子の膝頭（実際はかかと）に見立てたのが名の由来。葉は対生し、長さ5〜15㎝。枝先に穂状花序を出し、緑色の小さな花をつける。花被片に包まれた実は長さ5㎜ほどで、クリップ状のとげがあり服にくっつく。ヒナタイノコヅチは明るい空き地や道端に生える変種で、花穂の形や葉の厚さ、実の付属体の形などが少し異なる。生薬の「牛膝」は、地上部が枯れた秋から冬に、ヒナタイノコヅチの根を掘って乾燥させたもの。

〈採取法〉若い葉や蕾を摘む。ヒナタイノコヅチも同様に利用できる。

〈料理法〉若芽ややわらかな葉を軽く茹でて水にさらし、おひたしや炒め物、若い芽先は生のままで天ぷらに。

ヒユ科 ヒユ属
## ホソアオゲイトウ
*Amaranthus hybridus*

🌿 春〜秋　🐾 日本各地（帰化植物）
✚ 一年草　✿ 6〜11月

　市街地の空き地や農耕地に生え、高さ0.6〜2mになる南米原産の帰化植物。苞がとがっているので、花穂がとげとげしい。

ヒユ科 ヒユ属
## イヌビユ
*Amaranthus blitum*

　道端や荒れ地に生える地中海地方原産の帰化植物。日本では耕地雑草だが、本種を含めて仲間は世界各国で野菜として広く栽培され、サラダ用のベビーリーフの中にも入っている。高さ30cmほど、葉は互生してやわらかい。茎先と葉のつけ根に花穂を出し、緑色の花被片3個の雄花と雌花が混じって多数つく。よく似た仲間の帰化雑草にアオビユ、ホソアオゲイトウ、アオゲイト

犬莧　別名 ムラサキビユ・ノビユ

🌿 春〜秋　🐾 日本各地（帰化植物）
✚ 一年草　✿ 6〜11月

ウがあり、同様に食べられる。同属で南米原産のヒモゲイトウの種子は、古くアステカ帝国やインカ帝国で穀物とされ、近年はアマランサスの名で健康食として人気がある。

**〈採取法〉** やわらかな茎先と葉を採る。花穂が伸びたものでも食べられる。

**〈料理法〉** さっと茹でて水にさらして和え物、天ぷらや炒め物、レモンとオリーブ油で和えてギリシャ風。種子も食用。

夏　人里や野原

▲アカザの花。ホウレンソウは雌雄異株だが、アカザの花は両性花

ヒユ科(アカザ科) アカザ属

## シロザ
*Chenopodium album* var. *album*

🍃 春〜秋　📍 日本各地（帰化植物）
🌱 一年草　❀ 9〜10月

　若葉の粉粒が白いのが特徴だが、それ以外は変種であるアカザとほぼ同じ。アカザよりも個体数が多く、同様に利用できる。

ヒユ科(アカザ科) アカザ属

## アカザ
*Chenopodium album* var. *centrorubrum*

　ユーラシア原産の史前帰化植物で、畑や道端、荒れ地などに生える。ホウレンソウと近縁で味も近いが、食後に日光に当たると体質によっては皮膚炎が起きて顔や体の皮膚が赤くただれるため、最近はあまり食べない。有害なシュウ酸も含むので、多食は避けたほうがよい。肥沃な土地では茎は高さ1.5mに達し、乾くと軽くかたくなり、太いものは杖に加工する。葉は互生し、

藜

🍃 春〜秋　📍 日本各地（帰化植物）
🌱 一年草　❀ 9〜10月

若葉には紅紫色の粉粒が密生し、擦るとはがれてくる。南米アンデス原産で同属のキヌアの種子は、小粒だが栄養価の高い穀物で、健康食品として輸入されている。

〈採取法〉若芽や葉を摘む。シロザや同属のコアカザも同様に利用する。
〈料理法〉シュウ酸を多く含むので、茹でて水でさらす。若芽や若葉はおひたし、和え物。若い実は佃煮にする。

▲白い十字花。花が咲くと茎はかたくなる

アブラナ科 オランダガラシ属

# オランダガラシ

*Nasturtium officinale*

和蘭芥子　別名 ミズガラシ・クレソン

- 通年
- 日本各地（栽培・帰化植物）
- 多年草
- 4～8月

　独特の辛みと香りの香味野菜。ヨーロッパ原産だが世界中で食用に栽培されている。クレソンはフランス語名。脂肪の消化を助ける働きがあり、肉料理のつけ合わせに向く。また殺菌作用があるので口臭を防ぐ効果もある。日本には明治のはじめ、洋食のつけ合わせ用に栽培されたものが野生化し、河川の中流域の水辺、湧水地や湿地に群生する。茎は中空で、水際を這い広がり、高さ20～50cmのカーペット状になる。葉は互生し、短い柄のある奇数羽状複葉で小葉3～11個からなる。ちぎれた枝が根づいてふえ、環境省の要注意外来生物に指定されている。

〈採取法〉一年中、葉をつけている。芽先10cmほどの部分を摘む。

〈料理法〉生のままサラダ、つけ合わせ。軽く茹でて和え物。生食する際は衛生面に気を配り、よく洗うこと。

アカバナ科 マツヨイグサ属

# オオマツヨイグサ
*Oenothera glazioviana*

大待宵草　別名 ツキミソウ

- 通年
- 日本各地（園芸・帰化植物）
- 二年草
- 7〜9月

　夏の宵を待って開く一日花は直径8〜10cmもあって美しく、庭にも植えられる。北アメリカ原産の野生種が園芸用に品種改良されて野生化したと考えられている。日本へは明治のはじめに導入され、海岸や川原、道端などに野生化したが、遅れて帰化したメマツヨイグサに場所を奪われ、現在はあまり見かけない。春に芽生え、ロゼットで一年以上過ごした後に高さ1.5mほどの花茎を立てる二年草で、開花結実した株は枯死する。俗にツキミソウとよぶが、標準和名でツキミソウというのは同属で花の白い別種を指す。

〈採取法〉若いロゼット葉や伸びてきた若い茎先を摘む。花もエディブルフラワーとして花柄から摘む。

〈料理法〉若葉は重曹を入れて茹で、水にさらし和え物。花は生でサラダ、天ぷら、汁の実、湯がいて酢の物。

夏 人里や野原

### アカバナ科 マツヨイグサ属
## メマツヨイグサ
*Oenothera biennis*

🍃 夏　📍 日本各地（帰化植物）
✚ 二年草　✿ 6〜9月

　北アメリカ原産の帰化植物で、戦後に日本各地に広がった。同様に食用となる。花は直径2〜6cmで、花弁の間に隙間があく型はアレチマツヨイグサともよぶ。マツヨイグサ属は英語でイブニングプリムローズ（夕方のサクラソウ）とよばれ、夜に飛ぶ蛾を誘って花を開き甘い芳香を漂わせる。種子から抽出した「月見草オイル」は薬用、美容用に利用されている。

▲早朝に咲き残る花。花は日没後に開く

▲オオマツヨイグサのロゼット

> 調理例

オオマツヨイグサの花の甘酢和え

マメ科 クズ属

# クズ
*Pueraria lobata*

葛

🍂 春〜秋　🌱 日本全土　✦ つる性多年草〜つる性落葉樹　✿ 7〜9月

　『万葉集』に山上憶良が詠んだ秋の七草の一つ。根から葛粉を採り、根を干した葛根（かっこん）は漢方薬となり、つるで籠を編み、茎の繊維から葛布を作り、葉は飼料になった。名は、葛粉の名産地であった奈良県吉野地方の国栖（くず）に由来する。余すところなく利用された人里の野草だが、最近は山野の林縁や道沿いでほかの植物を覆って大群落を作り、海外にも帰化して世界の侵略的外来種ワースト100に挙げられている。つる状の茎や若葉は褐色の粗い毛で覆われ、基部は木質化して長さ10m以上になる。葉は3出複葉で長い柄があり、小葉は長さ10〜15cmで裏面は白っぽい。小葉の基部に葉の向きを変えるふくらみがあり、夏の強い日差しを反射するように裏面を見せる。葉の腋に15〜18cmの総状花序を出し、甘い香りのある紅紫

▲花はブドウ味の炭酸飲料に似た甘い香り

▲白い葉裏を見せることから、古くは裏見草ともよび、恨みとかけて和歌を詠んだ

▲毛に覆われた若いつる状の茎

色の蝶形花が下から順に咲く。根は肥大し長さ1.5m、直径18cmにも達する。
〈採取法〉咲きはじめの花序や若いつるを採る。根は土のやわらかな場所で掘る。
〈料理法〉花序は酢の物や天ぷら。若葉は天ぷら、茹でて和え物。洗った根をミキサーで細かく粉砕し、水中で揉んでざると布袋で漉して不純物を除き、何度も水を換えながら沈殿してくるデンプンを集めて日光にさらすと、白い葛粉が採れる。

調理例 
クズの根から作られた吉野葛

夏　人里や野原

▲枝先や上部の葉のつけ根から長さ4〜10cm、先が垂れた総状花序を出す

タデ科 イヌタデ属

## ヤナギタデ
Persicaria hydropiper

柳蓼　別名 マタデ・ホンタデ・タデ

🍃 春〜秋　　🌱 日本全土　　✦ 一年草
🌸 7〜9月

「蓼食う虫も好き好き」のタデはこれ。似て非なる別種もあるが、葉を嚙むと舌が痺れるほど辛いのですぐわかる。この辛みを香辛料として、刺身のつまとするのが「芽タデ」であり、アユの塩焼きに添えるのが「タデ酢」である。古くから栽培され、芽タデ用の紫タデなど栽培品種もあるが、野で摘むタデは辛さも風味も格別だ。川べりや田の縁などの水湿地に生え、葉は

ヤナギの葉に似て細長い。秋にまばらな穂に淡いピンクの花を咲かせるが、節がふくれた中に閉鎖花もつけて洪水の水没時にも確実に種子を残す。

〈採取法〉若葉を摘む。タデ酢にするなら成長しきった葉でもかまわない。

〈料理法〉葉を刻み、ご飯粒と一緒にすり鉢ですり、酢でのばしてタデ酢。アユだけでなく和洋の創作料理に合う。生の葉を刻み、魚や肉の香味焼き。

夏 人里や野原

▲一日花で朝露のように短時間で消えてなくなることが名の由来

ツユクサ科 ツユクサ属

## ヅユクサ
Commelina communis

露草　別名 ツキクサ・ボウシバナ

🍃 春～秋　📍 日本全土　✦ 一年草
✿ 6～9月

　夏の朝、道端や空き地などの片隅で、澄んだ青い花を開き、昼間には花を終えてしまう一年草。茎の下部は地面を這い、節から根を下ろしながら枝分かれして広がる。上部は斜めに立ち上がり、高さ20～50cmになる。花が咲く前の茎葉を軽く茹でて、しゃきしゃきした歯ごたえを楽しむことができる。生薬名を鴨跖草（つきくさ）といい、花期の全草を天日干で乾燥させたものを解熱や解毒、利尿などに用いる。花の絞り汁は紙や布を美しい青に染めるが、色は水に流れて消える。これを逆に利用したのが友禅の下絵である。

〈採取法〉春から秋まで次々に枝が伸びてくるので、先のほうの若い葉ややわらかな茎、朝に咲く青い花を摘む。

〈料理法〉さっと茹でておひたし、和え物、生のまま天ぷら、バター炒め、卵とじ。青い花は料理の彩りに。

イラクサ科 ウワバミソウ属

# ウワバミソウ
*Elatostema involucratum*

蟒蛇草　別名 ミズ・アカミズ・ミズナ

🍃 夏　🎵 北海道〜九州　✚ 多年草
✿ 4〜9月

　山の渓流沿いの湿った斜面に群生する多年草。東北地方ではミズとよぶ人気の山菜で、主にみずみずしい茎の部分を食材とする。茎は赤みを帯び、斜めに伸び上がって高さ30〜40cmになり、晩春〜秋にかけて長期に採取できる。アクがなくて湯がくだけで食べられ、ぬめりとしゃきっとした歯ごたえが好まれる。秋には茎の節がネックレスの玉のようにふくれてむかごになり、ばらばらになって地上にこぼれ、翌春には新苗に育つ。むかごは「ミズのコブ」「みず玉」とよばれ、根茎や太い茎の「叩きとろろ」と共に山の珍味とされる。「うわばみ」は大蛇のことで、落語の「そば清」で大蛇が消化剤として食べた草がこれだという。

〈採取法〉根元から採取し、葉をしごいて茎だけにして持ち帰る。数が多ければ一部は根茎ごと抜き採る。

夏　山や雑木林

▲沢際に群生するウワバミソウ

▲雌雄異株で、写真は雄株の花期。雄株の雄花序には長さ1〜2cmの柄があるが、雌花序には柄がなく茎に花序がじかにつく

▲10月頃には、茎の節が膨らんで雌雄ともに節にむかごが生じる。はじめは褐色だが湯がくと鮮やかな緑になり、深山の高級食材となる

〈料理法〉茎は湯がいて、おひたし、白和え、胡桃和え、煮物。むかごは湯がいて味噌漬け、醤油漬け、ピクルス。根茎や茎の基部、秋に倒れた太い茎は包丁の背で叩いてとろろ風。

▲透明感のある茎は根元で赤みを帯びる

調理例

ウワバミソウの根茎の叩きとろろ

### ユキノシタ科 ユキノシタ属
# ユキノシタ
*Saxifraga stolonifera*

雪下・鴨脚草・虎耳草　別名 イワブキ・コジソウ

- ほぼ通年
- 本州〜九州
- 常緑多年草
- 5〜6月

　葉脈に沿って斑の入る腎円形の葉は観葉植物のように美しく、初夏の白い花は「大」や「人」の文字に見えて風情がある。山の日陰の湿った岩場に生え、庭園や石垣に植えられる。昭和初期頃までは小児の耳だれや引きつけなどに効く日常の万能薬として、どの家でも庭の隅や井戸の縁に植えていた。厚みのある葉は天ぷらにするともちもちした食感でおいしく、常緑なので一年を通じて利用できる。短い根茎から腎円形の根生葉を低く広げ、細い走出枝を長く伸ばした先に子苗を作ってふえる。葉は両面とも粗く長い毛に覆われる。初夏に高さ20〜50cmの花茎が立ち、白い5弁花を多数、風に揺らす。名の由来は、葉の白斑を雪に見立てた、白い花びらを舌に見立てた雪の舌が語源、冬でも葉が枯れずに雪の下に残るのが語源、など諸説ある。

夏 山や雑木林

▲花弁のうち上の3個は長さ約3㎜、濃紅色と濃黄色の斑点がある。下の2個は長さ1～2㎝、大きさがやや不同の披針形をしている

▲山村の古い石垣に群れ咲いていた

〈採取法〉葉を1枚ずつ摘む。
〈料理法〉葉の汚れをよく洗い落し、薄めの衣を片面につけて天ぷら。

**調理例**

葉の天ぷら。葉の形と色を楽しむために、片面にだけ衣をつける

▲葉の斑紋には2型があり、写真のように表に暗紫色の斑があって葉裏も紫色の株と、表が白い斑で葉裏も白い株がある

スイカズラ科 スイカズラ属
# ウグイスカグラ
Lonicera gracilipes var. glabra

鶯神楽　別名 ウグイスノキ

- 初夏
- 北海道（南部）〜九州
- 落葉低木
- 3〜4月

　初夏に鮮紅色に熟す楕円形の液果は、甘くジューシーで生食でき、ジャムにしてもおいしい。日本固有種で、里山の雑木林に生え、よく枝を分けて高さ1.5〜3mになる。花も実も可愛いので庭木や盆栽にされる。名は、小枝が茂ってウグイスがよく潜むことからついたといわれ、「ウグイス隠れ」「ウグイス神楽」「ウグイス狩座（かくら）」などの語源説がある。近縁種の

クロミウグイスカグラの実は、秋に黒紫色に熟してビタミンCとアントシアンが豊富で、北海道ではハスカップとよばれて栽培もされる。有毒なキンギンボク（別名ヒョウタンボクp.223）の実は2つずつ瓢簞状にくっつき合うので見分けられる。

〈採取法〉熟した果実を柄ごと採る。
〈料理法〉生食。果実酒。漉してジュース。レモン汁、砂糖を加えジャムに。

**スイカズラ科 スイカズラ属**

## ミヤマウグイスカグラ
*Lonicera gracilipes* var. *glandulosa*

🍃 初夏　🌿 本州〜九州　✦ 落葉低木
✿ 4〜5月

　本州〜九州に分布するが、特に東北地方と日本海側で多い。ウグイスカグラが野山に生えるのに対し、本種は山地に生え、高さ2mほどになる。全体に腺毛が多いのが、ウグイスカグラとの見分け方のポイントとなる。果実は6月に赤く熟し、長さ1〜1.5cmの楕円形で、腺毛に覆われる。果実の利用方法はウグイスカグラと同じ。

夏　樹木

▲赤く熟したウグイスカグラの果実

▲ウグイスカグラは淡紅色の花を枝先の葉のつけ根から1〜2個釣り下げる

**毒** 
▲キンギンボクの果実は有毒で、7〜9月に熟す。2つの果実がくっつくのが特徴

ハナイカダ科(ミズキ科) ハナイカダ属

# ハナイカダ

*Helwingia japonica*

花筏　別名 ママッコ・ヨメノナミダ

🍃 春（若葉）・夏〜秋（果実）　📍 北海道（南部）〜九州　✤ 落葉低木　✿ 4〜6月

　葉の中心につく花や実が特徴的で、名はこれを筏に見立てた。といっても、葉に花が咲くのではなく、花序の柄が途中まで葉の主脈と合着しているためで、よく見ると花のつく位置まで主脈が太くなっている。株に雌雄があり、葉の中央に雌花はふつう1個、雄花は数個が集まってつく。花後、雌株には丸い果実が葉の上にちょこんと乗っかって実る。そんな花や実の姿が面白いので茶花として珍重される。芽吹いたばかりの若葉はアクがなくて食べられ、救荒植物としても利用された。夏から秋に熟す果実も甘くジューシーで食べられ、果実酒も作れる。日本固有種で、野山の林内に生え、高さ1〜3mになる。葉は互生して枝先に集まってつき、両面無毛で表面に光沢がある。縁には先が芒状にとがった細かい鋸歯がある。花は淡緑色で直径4〜

▲葉の主脈中央で複数咲く雄花

▲葉の主脈中央で咲く雌花。ふつう1個

夏 樹木

6mm、花弁は3〜4枚で、先は反り返る。果実は液果で、直径7〜11mmのやや平たい球形で7〜10月に光沢のある黒紫色にやわらかく熟す。

▲果実は液果で、甘く熟しておいしい

〈採取法〉葉が開く前の若芽をつけ根から摘み採る。葉を開くと小さな蕾があり、間違えることはない。果実は潰れやすいのでていねいに採る。

〈料理法〉若芽は生で天ぷら。姿を生かし、衣は片面だけに薄めにつけて揚げる。さっと茹でて、和え物、汁の実、おひたし。果実は生食、果実酒。

調理例

春の若芽のおひたし

▲長さ5mmほどの鐘形花が下向きに咲き、花冠の先は浅く5裂して反り返る

**ツツジ科 スノキ属**
## ウスノキ
*Vaccinium hirtum* var. *pubescens*

🍃 夏　🌿 北海道〜九州（北部）
✚ 落葉低木　❀ 4〜6月

　山の岩場に生え、高さ0.5〜1mほどになる。葉はスノキに似るが酸味はなく、裏面の主脈や葉柄に白毛がある。花期は4〜6月。果実は直径7〜8mmで5稜があり、7〜9月に鮮紅色に熟して食べられる。

**ツツジ科 スノキ属**
## スノキ
*Vaccinium smallii* var. *glabrum*

　日本の野生ブルーベリーで、直径7〜8mmの果実は6〜9月に赤を経て黒紫色に熟し、酸味は強いが食べられる。同属のブルーベリーやその仲間は北半球の寒帯から冷温帯に多くの種類が分布し、日本でもクロマメノキ、コケモモ、ツルコケモモ（クランベリー）などが小粒の甘酸っぱい液果をつけてジャムの原料となる。スノキは山地の明るい林内や林縁に生え、高さ1〜2mになる。葉を噛むと酸っぱい味がするので「酢木」。葉は互生して葉柄は短く、裏面は無毛で光沢がある。北海道〜本州中部以北には全体に大型の変種オオバスノキ、中部以南には葉裏に毛のあるカンサイスノキが分布し、同様に利用する。

酢木　別名 コウメ

🍃 夏　🌿 本州（関東地方〜中部地方南部）
✚ 落葉低木　❀ 6〜7月

〈採取法〉黒く熟した果実を摘む。
〈料理法〉酸味が強いので、砂糖を加えてジャムやシロップ煮にする。

▲枝先から総状花序がほぼ水平に出て、長さ4〜5mmの鐘形花が下向きに並んで咲く

▲名は、初夏の新葉や秋の紅葉がハゼノキ（p.232）の紅葉のように赤いのが由来

ツツジ科 スノキ属

# ナツハゼ
*Vaccinium oldhamii*

夏櫨

🍂 夏　🗾 北海道〜九州　✦ 落葉低木
❀ 5〜6月

　ブルーベリーと同属で、山地の明るく乾いた林に生え、高さ1.5〜3mにこんもりと茂って、庭にも植えられる。果実は直径7〜8mmで、8〜10月に黒く熟すと甘酸っぱく生食もできる。ブルーベリーより果皮がかたく小粒だが、ポリフェノール含有量に優れて抗酸化活性が高いことから、健康食品として栽培もされている。葉は互生し、葉の両面や葉柄は粗い短毛で覆われて触るとざらつく。同属のシャシャンボは本州中部以南〜沖縄に分布する常緑低木で、房なりの果実は丸く直径約5mm、秋に黒熟すると甘酸っぱくて同様に食べられジャムや果実酒に利用できる。

〈採取法〉黒く熟した果実を摘む。
〈料理法〉果皮がかたいので煮てジャムにするとよい。リカーに浸けると鮮やかな赤紫色の果実酒になる。

▲ヤマモモの雄花序。風媒花なので花弁はなく目立たない

ヤマモモの果実酒

ヤマモモ科 ヤマモモ属

## ヤマモモ

*Morella rubra*

山桃

🍃 夏　📍 本州（関東地方南部以西）〜九州・沖縄　✦ 常緑高木　✿ 3〜4月

　温暖な地方の海岸に自生し、庭木や公園樹とされる。果実はふつう直径1〜2cmだが、果物として栽培が盛んな徳島県には直径3cmにもなる品種もある。熟果は生食すれば甘酸っぱく、果実酒やジャムもおいしい。果肉は、タネから放射状に伸びた毛が多肉化したもので、表面の粒状に見えるものは毛の先端にあたる。根に根粒菌が共生して空気中の窒素を固定するので、やせ地にも育つ。幹は枝を分けて丸い樹冠をつくる。葉は枝先に集まって互生する。雌雄異株で、葉の基部に穂状花序を出す。

〈採取法〉手が届けば一つずつ摘むが、完熟した果実はシートを広げ、木をゆすって落とす。

〈料理法〉塩水に漬けて虫を出し、冷蔵庫で冷やして生食。果実酒を作る際、一月ほどしたら果実を取り出し、種子を抜いてジャムにすると2度おいしい。

▲枝先に雌花序、枝の下に雄花序がつく

▲カジノキの集合果は直径3㎝と大きい

夏　樹木

クワ科 カジノキ属

# ヒメコウゾ

*Broussonetia kazinoki*

姫楮　別名 コウゾ

🍃夏　📍北海道〜九州　✦落葉低木
❀4〜5月

　古い時代に樹皮の繊維は和紙や織物の原料にされた落葉低木で、丘陵地や低山地の林縁などに生え、高さ2〜5mになる。現在でも和紙の原料として栽培されるコウゾは、ヒメコウゾと**カジノキ**の雑種。果実は直径1〜1.5㎝の集合果で、初夏に橙赤色に熟し、生食すると甘い味があるが、舌と喉にイガイガ感が残る。葉は互生し、葉身は薄く、長さ4〜10㎝。縁に鈍鋸歯があり、葉の両面に毛がある。雌雄同株で、若枝の葉のつけ根の上部に雌花序、下部に雄花序をつける。雌花序は多数の雌花が集まり、糸状で赤紫色の花柱がよく目立つ。同属のカジノキは初秋に集合果が赤く熟し、生食できる。

〈採取法〉集合果をていねいに摘む。

〈料理法〉生食もできるが、傷みやすいのと、イガイガ感が残るので、ジャムや果実酒に向く。

クワ科 クワ属

## ヤマグワ
Morus australis

山桑　別名 クワ

🍃 夏　🗾 北海道〜九州　✦ 落葉高木
🌸 4〜5月

　養蚕に使われるクワは古い時代にカイコと共に渡来した中国原産の**マグワ**（カラグワ）とその栽培品種で、ヤマグワは日本に広く自生する野生のクワ。葉はマグワより薄く、とがった鋸歯があり、左右非対称で不規則かつ多様に切れ込むのが特徴。カイコはヤマグワの葉も食べるが、かたく小さいので一般には養蚕に使われず、野山の雑木として林や林縁などにふつうに生えている。雌株と雄株と両性株があり、雌株と両性株には一見キイチゴ類（p.122）を思わせる集合果が6〜7月に白から赤を経て黒紫色に熟し、生食するとジューシーで甘くおいしい。集合果は長さ1〜1.5cmの楕円形で、雌しべの花柱が残存して突き出る。マグワの集合果は1.5〜2.5cmと大きく、残存花柱はごく短い。一般にヤマグワとマグワの集合果を総称して「クワの実」「ド

▲ヤマグワの雄花序。花粉を出すと枯れる

▲ヤマグワの雌花序は集合果に育つ

▲ヤマグワの実は赤を経て黒紫色に熟す

▲栽培種のマグワの集合果。ヤマグワより大きく、花柱が短いので口当たりもよくて美味

夏　樹木

どめ」とよび、昔は子どもがおやつに食べては唇を紫色に染めたものだった。欧米や中近東ではクワの仲間をマルベリーとよんで果物とし、ドライフルーツ、ジャム、果実酒などに加工する。果実専用の栽培種も多数ある。根皮の乾燥品は生薬、葉や実や枝も民間薬とされる。若い葉は山菜になる。

〈採取法〉黒紫色の実を摘む。潰れないように注意して持ち帰る。

〈料理法〉実は生食、果実酒、果軸を除いてジャム。若芽は茹でて和え物。

◇調理例

ヤマグワの実で作ったジャム

115

▲果実は直径5〜7mmと小さいが甘みが強い

▲雌株につく雌花序。風媒花で装飾を欠く

イラクサ科 ヤナギイチゴ属

# ヤナギイチゴ

Debregeasia orientalis

柳苺　別名 メグサリ・コゴメイチゴ

🍃 夏　🐿 本州（関東地方南部以西）〜九州・沖縄　✤ 落葉低木　❀ 3〜5月

　名前にイチゴとつくが、バラ科キイチゴ属の仲間（p.122）ではなく、ウワバミソウ（p.102）と同じイラクサ科の植物。果実は集合果で直径5〜7mm。初夏に橙黄色に熟し、甘みが強く生食できる。日当たりのよい谷沿いや林縁、道端などに生え、株立ちして高さ2〜3mになる。ヤナギに似た葉は互生して細長く、表面は暗緑色で無毛、ちりめん状のしわがあり、裏面は綿毛が密生して白っぽい。雌株と雄株と両性株があり、雌花も雄花もぎっしり集まった小型の球状の花序を作る。

〈採取法〉熟したものを摘む。白い虫がついている場合は塩水にしばらく浸けて、浮いてきた虫を取り除く。

〈料理法〉果実をそのまま生食。リカーに浸けて果実酒。ジャムを作る場合は、レモン汁を加え、甘みが強いので砂糖は控えめでよい。

▲花びらに見えるのは萼筒で、果実は萼筒に子房が包まれて一体化したもの

▲トウグミの果実。最大長さ2cmになる

### グミ科 グミ属
## トウグミ
*Elaeagnus multiflora* var. *hortensis*

🍂 夏　🗾 北海道南部〜本州近畿地方以北(関東と東海を除く)　✚ 落葉低木　🌸 4〜6月

　ナツグミの変種で主に日本海側に分布。葉の表面には星状毛だけで鱗片がない。果実はナツグミに似てより大きくおいしい。

### 夏茱萸・夏胡頽

### グミ科 グミ属
## ナツグミ
*Elaeagnus multiflora*

🍂 夏　🗾 北海道(南部)・本州(福島県〜静岡県の太平洋側)　✚ 落葉小高木　🌸 4〜5月

　野山の雑木林や道端などに生え、果樹としても植栽される。小枝や葉柄は銅色の鱗片に覆われ、葉の裏面は銀色に光る。よく枝分かれし、高さ2〜4mになる。果実は長さ12〜17mmの広楕円形。表面に銀色の鱗片が光り、赤く熟すと甘みと渋みがあって食べられる。葉は互生し、表面は銀色の鱗片が密生し、裏面は銀色の鱗片に黄赤褐色の鱗片が混じる。花は垂れて咲き、淡黄色で先が4裂し、よい香りがある。ナツグミは果実が夏に熟すが、同属の仲間には5〜6月に熟すナワシログミ(p.127)や秋に熟すアキグミ(p.159)もある。

〈採取法〉赤く熟した果実を摘む。
〈料理法〉生食すると口に渋みが残るが、塩水に一、二日浸けておくと渋みが和らぐ。ジャムや果実酒にしてもおいしい。

バラ科 サクラ属

# ヤマザクラ
Cerasus jamasakura

山桜

- 春(花と若葉)・夏(果実)
- 本州(宮城県・新潟県以西)〜九州
- 落葉高木
- 3〜4月

　花が先に咲いて華やかなソメイヨシノとは異なり、赤みを帯びた新葉と淡いピンクの花がほぼ同時に開いて風情がある。日本を代表するサクラの固有種で、桜の名所、奈良県の吉野山の桜もヤマザクラである。よく結実し、初夏には直径1cm弱の実が赤を経て暗紫色に熟す。市販のセイヨウミザクラのサクランボと違って渋みが強いが、果実酒はおいしい。サクラの葉や花は塩漬けにすると甘いクマリン臭を発する。市販の桜餅はオオシマザクラ(p.125)の葉、花の塩漬けやジャムは八重桜の花を用いるが、ヤマザクラやソメイヨシノでも作って楽しめる。

〈採取法〉黒く熟した実を採る。春の咲きかけの花や若葉も採る。

〈料理法〉実にレモンを加え、リカーに浸けて果実酒。若葉と花は塩漬けにして桜茶、桜餅、菓子や料理の彩り。

▲赤褐色の若葉と淡いピンクが美しい。北国には濃いピンクのオオヤマザクラが分布する

▲ヤマザクラの紅葉

▲ヤマザクラの実は、赤を経て黒く熟す

## バラ科 サクラ属

### マメザクラ　別名 フジザクラ
*Cerasus incisa* var. *incisa*

🍃 初夏　📍 本州(主に関東・中部地方の太平洋側)　✤ 落葉小高木　❀ 3〜5月

　林縁や明るい林内に生え、花や葉など全体が小形で、そのことが「豆桜」の名前の由来となっている。実は直径約8mmの丸い核果で、黒色に熟し甘く食べられる。富士山麓に多いので、別名フジザクラ。基部から枝がよく分かれ、高さ3〜8m、最大で直径30cmほどになる。樹皮は紫褐色でざらつき、横長の皮目が点在する。白色や淡紅色の花が下向きに咲く。

▲マメザクラの実。初夏に黒く熟し、甘くおいしい。果実酒も作れる

◀花は直径1.6〜2cm。花に切れ込みがある

夏　樹木

▲多数の花が密集したブラシ状になる

未熟果を浸けて熟成させた果実酒

バラ科 ウワミズザクラ属

# ウワミズザクラ

Padus grayana

上溝桜

- 春〜夏
- 北海道〜九州
- 落葉高木
- 4〜5月

　白い小花がブラシ状の穂になって咲くサクラの仲間で、山の明るい谷間などに生えて、高さ15mほどになる。花の蕾や緑色の未熟果の塩漬け、赤い未熟果を浸けた果実酒は、アーモンドに似た香りがあり、新潟県では「あんにんご」「あんにんご酒」とよび珍重する。果実は直径8mmほどの核果で、赤を経て黒紫色に熟すと甘みと苦みがあって食べられる。よく似た種類にイヌザクラがあるが、ウワミズザクラは花序の下部に葉がつき、葉の縁には細かく鋭い芒状の鋸歯がある。

〈採取法〉蕾、青い未熟果、赤い未熟果は花序ごとハサミで切る。だいぶ育った青い未熟果は赤くなるのを待つ。黒い実は果実酒には適さない。

〈料理法〉蕾やごく若い未熟果は花序ごと多めの塩で漬ける。赤い未熟果はリカーに浸けて果実酒にする。

夏　樹木

▲莢は長さ5〜10cmで、熟すと風に飛ぶ。種子は休眠性があり、空地に芽を出す

花の天ぷら。甘くておいしい

調理例

マメ科 ハリエンジュ属

# ハリエンジュ
*Robinia pseudoacacia*

針槐　別名 ニセアカシア

- 春〜夏
- 日本各地（栽培・帰化植物）
- 落葉高木
- 5〜6月

　北アメリカから有用植物として明治初期に渡来した。花は食べられジャムや蜜源、香料になり、成長が早く荒れ地の緑化に適任との評判だったが、ふえすぎて全国の河川敷や自然林に進出し、現在は生態系を脅かす要注意外来生物となっている。高さ15mになり、樹皮は淡褐色で縦に網状の深い割れ目がある。枝は折れやすく、托葉の変化した対になったとげがある。葉は長さ12〜25cmの奇数羽状複葉が互生する。葉のつけ根から、長さ10〜15cmの総状花序を下げ、長さ2cmほどで甘い香りの白色蝶形花を多数つける。北海道のアカシア並木、アカシアの蜂蜜、北原白秋の「この道」で歌われたアカシアはいずれも本種のこと。

〈採取法〉若い芽先や花房を摘む。
〈料理法〉花や芽は天ぷら。花のサラダ、さっと湯通しして三杯酢。

## Column
# キイチゴの仲間

英語でラズベリー。粒々の実が球になったジューシーな集合果は甘く熟し、生でもジャムやケーキでも美味。低木なので木苺とよび、とげをもつものが多い。

文・多田多恵子

### バラ科 キイチゴ属
## モミジイチゴ
*Rubus palmatus* var. *coptophyllus*

紅葉苺　別名 キイチゴ

- 🍃 初夏
- 🎵 本州(中部地方以北)
- ✦ 落葉低木
- ✿ 3〜5月

　橙黄色に熟す実は極上の味。林内や林縁に生えてとげが鋭く、葉はモミジに似る。西日本には葉の細長いナガバモミジイチゴが分布。

▲モミジイチゴの花はうつ向く

### バラ科 キイチゴ属
## クサイチゴ
*Rubus hirsutus*

草苺　別名 ワセイチゴ

- 🍃 晩春
- 🎵 本州〜九州
- ✦ 落葉小低木
- ✿ 4〜5月

　ほかに先駆けて晩春には直径1.5〜2cmの実が赤く熟す。野道の端や林縁に生え、草のように低く茂るが低木で、枝のとげが痛い。

▲クサイチゴの花は上を向く

### バラ科 キイチゴ属
## ナワシロイチゴ
*Rubus parvifolius*

苗代苺　別名 サツキイチゴ

- 🍃 初夏〜夏
- 🎵 日本全土
- ✦ 半つる性落葉低木
- ✿ 4〜6月

　平地では田植えの頃、高原では夏に赤く熟して収量が多い。明るい野道や野原に生え、とげの多い枝が這って広がる。葉は3出複葉。

▲花弁はピンクで満開時でも半開き

### バラ科 キイチゴ属
## クマイチゴ
*Rubus crataegifolius*

### 熊苺

- 初夏～夏
- 北海道～九州
- 落葉低木
- 5～7月

実は2～6個がまとまってつき、赤く熟すが水気が少ない。枝のとげは多く鋭い。山の林縁やガレ場に生え、葉はモミジに似る。

▲クマイチゴのジャム

▼カジイチゴの花

### バラ科 キイチゴ属
## カジイチゴ
*Rubus trifidus*

### 梶苺

- 晩春～初夏
- 本州（関東地方以西の太平洋側）～九州・伊豆諸島
- 落葉低木
- 4～5月

枝にとげがないので庭にも植えられ、人里周辺に多い。元来は海岸植物で、モミジ型の葉は厚く光沢がある。実は黄色く熟して美味。

### バラ科 キイチゴ属
## クロイチゴ
*Rubus mesogaeus*

### 黒苺

- 夏
- 北海道～九州
- 半つる性落葉低木
- 6～7月

実は赤を経て黒く熟し、美味。山の湿った斜面などに生え、葉は3出複葉で茎にはとげがある。輸入物のブラックベリーとは別種。

▲クロイチゴの花。花弁はピンクで直立する

## Column 包む植物

ラップやホイルのない時代、植物の葉は食物を包んだり料理したりするのに役立った。香りもよく、葉に含まれる殺菌成分で食中毒を防ぐ知恵もあった。

文・多田多恵子

### モクレン科 モクレン属
**ホオノキ**
*Magnolia obovata*

朴・朴木　別名 ホオ・ホオガシワ

- 北海道〜九州・南千島
- 落葉高木　5〜6月

名は「包の木」から。長さ40cmにおよぶ葉は滑らかで芳香成分には殺菌作用がある。寿司を包み、干した葉に味噌と野菜をのせて朴葉焼き。

▲ホオノキの葉で包む朴葉寿司

### サルトリイバラ科(ユリ科) シオデ属
**サルトリイバラ**
*Smilax china*

猿捕茨　別名 サンキライ・カカラ

- 日本全土　落葉つる性半低木
- 4〜5月

丸い葉は厚く滑らかで生地がつきにくく、西日本では餅やだんごを包む用途に広く使われ、端午の節句の柏餅にもこの葉を用いる。

▲サルトリイバラの田舎まんじゅう

### ブナ科 コナラ属
**カシワ**
*Quercus dentata*

柏・槲　別名 カシワギ・モチガシワ

- 北海道〜九州・南千島
- 落葉高木　5〜6月

柏餅に使う。新葉が出てから古い葉が落ちることから家の継承を願う意味がある。名は、料理を意味する古語の「炊(かしわ)ぐ」に由来する。

### ツバキ科 ツバキ属
## ヤブツバキ
*Camellia japonica*
**椿** 別名 ツバキ

- 本州〜九州・南西諸島
- 常緑高木 2〜4月

赤い花と厚くつややかな葉が美しい。日本原産で栽培品種も多い。椿餅は、蒸した道明寺に餡を包んで2枚の葉ではさんだ伝統菓子。

### バラ科 サクラ属
## オオシマザクラ
*Cerasus speciosa*
**大島桜**

- 本州(宮城県・新潟県以西)〜九州
- 落葉高木 3〜4月

桜餅に使う。葉や花が大きく、塩漬けにすると甘いクマリン臭がたつ。伊豆半島から大島に自生。ソメイヨシノの交配親で花は白い。

夏 コラム

### クサスギカズラ科 ハラン属
## ハラン
*Aspidistra elatior*
**葉蘭** 別名 バラン

- 日本各地(栽培種)
- 常緑多年草 4〜5月

中国原産で庭に植えられ、人里周辺に散見する。地下茎から高さ80cmほどに立ち上がる葉を切って料理の仕切りや敷葉や器に使う。

### イネ科 ササ属
## チマキザサ
*Sasa palmata*
**粽葉** 別名 ヤネフキザサ

- 北海道〜九州(日本海側)
- 常緑多年生禾本

多雪地方のササ類。葉が大きく滑らかで、餅やちまきやだんごを包む。防腐効果もある。マダケのタケノコの皮も物を包むのに使われる。

### ショウガ科 ハナミョウガ属
## ゲットウ
*Alpinia zerumbet*
**月桃** 別名 サンニン

- 九州(南部)・沖縄・小笠原
- 常緑多年草 5〜7月

亜熱帯植物。葉は幅10cm、長さ50cm程度で光沢があり、スパイシーな香りがある。葉には殺菌効果があり、沖縄では餅や料理を包む。

## Column
# お茶になる植物

植物の内部には、目に見えないさまざまな成分が含まれている。干して刻んだりしたものに湯を注ぐと、香りや味や薬の成分が溶け出て、茶碗の中に注がれる。

文・多田多恵子

### ツバキ科 ツバキ属
### チャノキ
*Camellia sinensis*
### 茶の木 別名 チャ

- 日本各地(栽培種)
- 常緑低木
- 10〜11月

茶畑は里の原風景の一つ。茶葉にはカフェイン、カテキン、テアニンが含まれ、意識を覚醒させ、全身を癒し、ほっとさせてくれる。

### アジサイ科 アジサイ属
### アマチャ
*Hydrangea serrata var. thunbergii*
### 甘茶

- 本州(関東地方・中部地方)
- 落葉低木
- 6〜7月

ヤマアジサイの変種で庭にも植える。釈迦の誕生を祝う花祭りの甘茶はこの葉が原料。発酵により低カロリーの甘味物質が生成する。

### アサ科(クワ科) カラハナソウ属
### カラハナソウ
*Humulus lupulus var. cordifolius*
### 唐花草

- 北海道・本州(中部地方以北)
- つる性多年草
- 8〜9月

野山の道端や林縁に生える。ビールの苦み原料のホップにごく近縁で、弱いながら香りと苦みがある。雌花の穂を干して健康茶にする。

### ウリ科 アマチャヅル属
### アマチャヅル
*Gynostemma pentaphyllum*
### 甘茶蔓

- 日本全土
- つる性多年草
- 8〜9月

野山の林縁に生えるつる植物で、ヤブカラシ(p.43)に似た鳥足状複葉だが粗い毛がある。噛むと甘く苦い味で、陰干しして健康茶とする。

### イネ科 ササ属
## クマザサ
*Sasa veitchii*

**隈笹**

- 全国（植栽・野生化）
- 常緑多年生禾本

冬に葉の縁が白く隈取られるので「隈笹」だが、俗にミヤコザサやチマキザサ(p.125)なども含めて熊笹とよび、葉を健康茶にする。

### ドクダミ科 ドクダミ属
## ドクダミ
*Houttuynia cordata*

**蕺草** 別名 ジュウヤク

- 本州〜九州・沖縄
- 多年草　5〜7月

人家周辺に生え、全体に独特の異臭がある。古来有名な薬草で外用にも内服にも使う。茎葉を干して健康茶。葉の天ぷらも食べられる。

### イネ科 ジュズダマ属
## ジュズダマ
*Coix lacryma-jobi*

**数珠玉**

- 日本各地（帰化植物）
- 多年草　9〜11月

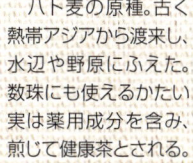

ハト麦の原種。古く熱帯アジアから渡来し、水辺や野原にふえた。数珠にも使えるかたい実は薬用成分を含み、煎じて健康茶とされる。

### グミ科 グミ属
## ナワシログミ
*Elaeagnus pungens*

**苗代茱萸** 別名 クビキ

- 本州(中部以南)〜九州
- 半つる性常緑低木　10月

野山に生え栽培もされる。実は春に熟し、渋いが食べられる。奄美大島では枝を割って湯で煮出した赤い「くびき茶」を日常的に飲む。

### ブナ科 コナラ属
## ウラジロガシ
*Quercus salicina*

**裏白樫**

- 本州(宮城県・新潟県以南)〜九州・琉球列島
- 常緑高木　5〜6月

常緑のドングリで、葉の裏面が白く縁が波打つ。古くから民間薬とされ、葉を干して薬用茶とする。結石などに効能があるという。

### フウロソウ科 フウロソウ属
## ゲンノショウコ
*Geranium thunbergii*

**現証拠** 別名 ミコシグサ

- 日本全土　多年草
- 8〜10月

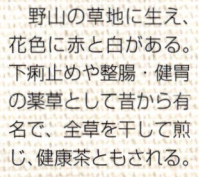

野山の草地に生え、花色に赤と白がある。下痢止めや整腸・健胃の薬草として昔から有名で、全草を干して煎じ、健康茶ともされる。

秋

秋は木の実で賑わう季節。里山では、ガマズミやクコ、ヤマボウシ、イチイにアキグミなど、赤い実が空の青に映えてひときわ美しい彩りを見せてくれます。これらの果実は、ジャムにしたり、ジュース、果実酒などさまざまな利用の仕方があり、想像しただけでも楽しくなります。オニグルミ、ヤマナシ、ヤマブドウなど、改良種にはない野趣に富んだ果樹も味わい深いもの。地下部に目を転ずれば、キクイモやヤマノイモが掘り上げられるのを待っています。

晴れし日の胡桃の落つる音と知る　中村汀女

▲ 草地にできたキクイモ群落

キク科 ヒマワリ属

## キクイモ
*Helianthus tuberosus*

菊芋　別名 アメリカイモ・ブタイモ

🍂 秋　🐾 日本各地（帰化植物）
✦ 多年草　❀ 9〜10月

　北アメリカ原産で人里周辺の草地に生えて高さ2〜3mになり、栽培もされる。秋には株元や地下茎の先に長さ10cm程度のでこぼこしたイモ（塊茎）がつく。欧米で根菜とされ、日本には江戸時代末期に飼料および果糖やアルコールの原料として渡来した。第二次世界大戦後の食糧難時代に自給作物として普及したが、キクイモの貯蔵炭水化物はデンプンではなくイヌリン（果糖の重合体）で、腹もちが悪く、甘くてしゃりしゃりした食感が好まれなかったこともあり、放棄されて野生化した。人にはイヌリンの消化酵素がないので食べても消化効率が低いが、最近は低カロリーで繊維質が多く血糖値の上昇を抑える健康食として注目されている。全体に粗い毛が密生し、葉は茎の下部で対生、上部で互生し、葉柄には翼がある。葉身は先がとがった卵

▲キクイモの頭花。直径8cmほどで、舌状花は10〜20個が重なり合い、間がすける

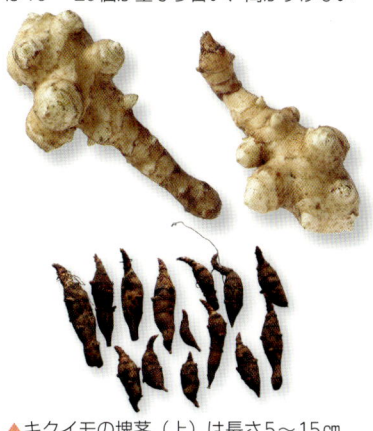

▲キクイモの塊茎（上）は長さ5〜15cm、イヌキクイモの塊茎（下）は長さ2〜5cm

▲イヌキクイモ。キクイモと同属で同じ北アメリカ原産の帰化植物。日本各地の道端や荒れ地に群生し、高さ1〜2mになる。塊茎は地下茎の先にでき、小さいが同様に利用できる。舌状花の数は9〜15個で間がすける

状披針形で縁に粗い鋸歯があり、両面共に毛でざらつく。夏から秋にかけて茎の上部で枝を分け、同属のヒマワリに似て直径8cmほどの黄色い頭花が咲く。しばしば**イヌキクイモ**と混同されるが、野外では本種の方が少ない。

〈採取法〉花が終わり茎が枯れはじめた頃に、茎を引き抜いて塊茎を掘り上げる。

〈料理法〉皮を包丁でこそげ、水にさらす。輪切りにし、天ぷら、炒め物、軽く干し塩水に漬けてから味噌漬け、粕漬け。素揚げにしてキクイモチップ。

調理例

漬物。酒を少々加えた味噌に漬けた塊茎

秋　人里や野原

キク科 アザミ属

# モリアザミ

*Cirsium dipsacolepis*

森薊　別名 ゴボウアザミ・ヤブアザミ

🍂 晩秋（栽培時）　🗾 本州〜九州
🌱 多年草　🌸 9〜10月

　山地の日当たりのよい乾いた草原に生え、茎の高さは50〜100cmになる。垂直に伸びる太い根は食用になり、栽培される。根は味噌漬や粕漬にされ、「ヤマゴボウ」の名で市販される。ヤマゴボウ科のヨウシュヤマゴボウ（p.196）は有毒なので間違えないように。茎の先に紅紫色の頭花が上を向いて咲く。すでに絶滅もしくは絶滅が危惧されている都府県が多いので野生株は採取せずに、種子からの栽培を推奨する。ノアザミ（p.22）も同様に利用できる。ハマアザミ（p.23）、**フジアザミ**もかつては同様に利用された。

〈採取法〉花茎が立つ前の根または若い花茎を収穫する。栽培する場合は、7月に種子を蒔き、11〜12月に根を掘る。
〈料理法〉根は茎を落としよく洗う。伸びた茎は茹で、水にさらし皮をむく。根は漬物、キンピラ。茎は佃煮、煮物。

▲モリアザミの頭花

調理例

モリアザミの茎の佃煮（上）と、根の醤油漬け（下）

▲掘り上げたモリアザミの根

秋　人里や野原

◀フジアザミは、関東地方と中部地方の山中の砂礫などに生える大型のアザミ。富士山の周辺に多いのが名前の由来。8～10月に咲く頭花は10cmほどになる。根はモリアザミと同様に利用されたが、現在は数が減っており、根の採取はせずに、種子からの栽培を推奨する

ユリ科 ユリ属

## オニユリ

*Lilium lancifolium*

**鬼百合**

- 🍂 晩秋〜冬
- 📍 北海道〜九州
- ✚ 多年草
- ❀ 7〜8月

　正月料理や京懐石に使う百合根は根ではなく、短い茎に養分を蓄える多肉化した葉が集まったもので鱗茎とよぶ。食用には主にオニユリ、コオニユリ、ヤマユリが利用されるが、野山の自生株の採取は控えたい。オニユリは古い時代に有用植物として渡来したともいわれ、観賞用や食用に栽培され、もっぱら人家の近くに生える。鱗茎は直径5〜8cm。茎は高さ1〜2m。葉の基部に黒紫色のむかごが多数つき、これを土に蒔くと新しい株が育つ。日本と中国ではユリ類の鱗茎を食べるが、西欧諸国では日本のユリは観賞植物として明治以降に爆発的な人気をよび、数々の園芸品種が生まれた。

〈採取法〉スコップで鱗茎を掘る。鱗茎の中心部や鱗片の一部は植え戻す。

〈料理法〉鱗茎を1枚ずつはがし、とろ火で甘煮、塩を振った素揚げなど。

▲オニユリの花。直径 10〜12cmになる

◀葉の基部に多数ついたオニユリのむかご

▲オニユリの地中の鱗茎。百合根として利用する

秋　人里や野原

### ユリ科 ユリ属
## コオニユリ
*Lilium leichtlinii* f. *pseudotigrinum*

| 🍂 晩秋〜冬 | 🐾 北海道〜九州 |
| ✚ 多年草 | ✿ 7〜8月 |

▲コオニユリの花。オニユリと比べて小ぶりで、葉腋にはむかごはできない

　山野の草原に自生。主に観賞用に栽培されるが、昔は救荒食物として植えられた。

ミソハギ科(ヒシ科) ヒシ属

# ヒシ

*Tropa japonica*

菱

🍃 秋　🌰 北海道〜九州　✦ 一年草
✿ 7〜10月

　湖沼やため池に生える一年生の水草で、水底の泥の中から1〜2mほどの茎を伸ばし、直径3〜6cmの菱形の葉をロゼット状につけて水面を覆う。菱形という語はこの葉の形に由来する。果実には萼が変化した2本の鋭いとげがあり、成熟するとかたくなって水に沈む。果実は子葉の部分にデンプン（50％）やタンパク質（20％）、ビタミン、ミネラルなどを豊富に含み、茹でるとクリに似た味で昔から食用にされる。英名はウォーター・チェスナット。俳諧でもヒシの実を「水栗」とよぶ。佐賀県神埼市や福岡県柳川市、大木町などでは栽培もされ、水路や水田で小舟やたらいに乗って実を収穫する風景は秋の風物詩である。野生株はため池の減少や外来生物の影響で少なくなった。イタリアではリゾット材料、中国では漢方薬や食材とされる。日本には

▲花は初夏から秋まで見ることができる

▲葉柄にあるふくらみは空気袋で、葉を浮かすのに役立つ

▲水面を覆って広がるヒシの葉

▲とげが2つあるのがヒシの実（左）、とげが4つあるのがオニビシの実（右）

秋 / 人里や野原

とげが4つの**オニビシ**とそれより小型の**ヒメビシ**も自生し、かたく熟した果実は忍者の撒きビシに使われた。中国原産の**トウビシ**は角が2本で、幅7㎝ほどと大型で角の痛くない栽培品種は日本にも導入され、紅色を帯びた若い果実は産地周辺で販売されている。
〈採取法〉親株についている若い果実を果軸から離れる前に採取する。
〈料理法〉傷みやすいのですぐに塩茹でし、皮をむいて食べる。炊き込みご飯、サラダ、スープ、煮物などにも。

調理例

市販のトウビシの実。クリに似た味がする

黄葉しはじめた秋のヤマノイモ

ヤマイモ科 ヤマイモ属

# ヤマノイモ
*Dioscorea japonica*

山芋　別名 ジネンジョ

- 秋
- 本州〜九州・沖縄
- つる性多年草
- 7〜8月

　山野や市街地にふつうに生えるつる植物で、里（畑）のサトイモに対して山（自生）のイモと名がついた。別名ジネンジョは「自然薯」と書き、野山に自然に生えるため。地中のイモ（担根体）は長さ1mほどもあり細長く、掘るのは大変だが、すりおろすと粘りが強くて美味な「とろろ」になる。一般にデンプンは生食すると消化が悪いが、ヤマノイモには消化酵素（アミラーゼ）があるので消化がよく、よく麦飯に添えられる。茎は無毛で、ほかのものに右巻きに絡んで伸びる。葉はふつう対生、ときに互生し4〜6cmの葉柄があり、葉身は長さ5〜10cmの細長いハート形。秋には垂れたつるの葉腋に直径1cmほどのむかごがつく。雌雄異株。よく市販されているのは中国原産で別種のナガイモで、長さ30cmほどの円柱状のイモとむかごを収穫する。

▲細くて長いイモをようやく掘り上げた

▲果期のオニドコロ。葉は幅広のハート形

◀葉の基部についたむかご

秋 山や雑木林

### ヤマノイモ科 ヤマノイモ属

# オニドコロ　別名 トコロ
*Dioscorea tokoro*

🌱 北海道〜九州　✤ つる性多年草
❀ 7〜8月

　山野に生えるつる植物。ヤマノイモに近縁で根が肥大するが、苦くて毒があり食用にならない。エビを海老と書くように、ひげ根を老人に見立てて漢字で「野老」と書き、正月の床の間に飾って長寿を願った。葉は互生し、ヤマノイモよりも幅広い。別名トコロとよばれる。

〈採取法〉太いつるの根元に目印をつけておき、葉が枯れてから細身のスコップで根気強く掘る。むかごは触るとぽろぽろ落ちる頃が最適で、笊をあてがって採る。

〈料理法〉根は酢水に浸け、とろろに。むかごは炊き込みご飯、煎って酒の友。

**イネ科 マコモ属**

# マコモ
*Zizania latifolia*

**真菰** 別名 キレ

🍃 秋　🌱 日本全土　✦ 多年草
❀ 8〜10月

　沼地や河口でアシと共に群落を作るイネ科の大きな水生多年草。泥の中を節のある太い根茎が長く伸び、高さ1〜2m、直径2cmほどの円柱形で滑らかな茎と、高さ50〜100cm、幅2〜3cmの緑白色をした葉を立てる。秋に茎の株元がふくれたものを菰角、真菰筍とよび、タケノコに似たやわらかな食感と甘みとヤングコーンのような香りを賞味するが、これはカビ病の一種である黒穂病に花芽が感染して肥大したもの。放置すると黒い胞子が出てきて食用に適さなくなるが、胞子に油を混ぜれば「菰墨」となり、絵具、眉墨、鎌倉彫の古色づけに使われた。葉は菰やむしろ、ござ、ちまき、飼料などに使われ、根と種子は薬用になった。秋に長さ40〜60cmの花穂を出し、上半分に直立する淡緑色の雌花、下半分に垂れ下がる雄花をつける。種子は黒っ

▲秋の花穂。写真は雄花穂

▲秋に収穫したマコモダケ。大きなものは長さ30㎝、直径3㎝になる

▲沼地に群生するマコモ

ぽく細長い穀粒で、イネが広まる以前は中国や日本でも食用とされた。近縁種のアメリカマコモの種子はワイルドライスとよばれてネイティブアメリカンの穀物で、現在も栽培されて、クリスマスや感謝祭の日に七面鳥の詰め物に入れたりサラダにして食べる。

〈採取法〉若芽をハサミなどで切り採る。マコモダケは根元から鎌で刈る。

〈料理法〉若い芽は刻んで炒め物や炊き込みごはん。マコモダケは外皮をはがし、天ぷら、煮物、茹でて和え物。

調理例

マコモダケの胡麻味噌和え（上）と天ぷら（下）

秋　山や雑木林

▲花にはむっとするにおいがあるが、ハナムグリなどの昆虫がよく集まる

▲赤く熟しても鳥はすぐには果実を食べない。霜にあたったころに食べにくる

レンプクソウ科(スイカズラ科) ガマズミ属

# ガマズミ
*Viburnum dilatatum*

莢蒾　別名 ヨソゾメ・ヨツズミ・ズミ

🍃 晩秋　📍 北海道（西南部）〜九州
✤ 落葉低木　❀ 5〜6月

　野山の雑木林や林縁に生え、高さ5mほどになり、庭にも植える。秋に赤く熟す果実は、長さ6〜8mmの広卵形。はじめは酸味が強いが、霜にあたると甘みが増す。果実はアントシアニンとビタミンCを豊富に含み、おいしいジャムや朱色の美酒ができる。葉は対生し、長さ3〜15cmの広楕円形で葉脈が目立ち、縁に不揃いの鋸歯がある。葉柄や若枝には淡褐色の毛がある。枝先に直径5〜12cmの散房花序を出し、白い花を多数つける。材は農具の柄、柔軟な枝で薪を束ねた。

〈採取法〉熟した果実を房ごとハサミで切り採る。

〈料理法〉小枝につけたままホワイトリカーに浸けて果実酒。甘い果実は生食。果実を水で5分ほど煮て、ざるで漉して種子を取り除いた後、砂糖を加えて煮詰めれば美味なジャムになる。

◀葉の腋に紫色の花を1〜3個つける。花は長さ1cmほどの漏斗形で、先が5裂する

▲春、前年枝から若葉が萌え出る

**ナス科 クコ属**

# クコ

*Lycium chinense*

枸杞

🍃 秋　🗾 本州〜九州・沖縄
✦ 半落葉低木　❁ 7〜11月

　日当たりのよい土手や道端、線路際などに生える。平安時代から重用された薬草の一つで、葉は「枸杞葉」、果実は「枸杞子」、根の皮は「地骨皮（じこつぴ）」として薬用にする。枝には稜があり、下部でよく分かれて斜上し、高さ1〜1.5mになる。葉のつけ根や枝先にはとげがある。葉は互生し、短枝の先に集まってつく。葉身は長さ1.5〜6cm、無毛でやわらかい。春の若葉はくせがなくておいしい山菜である。赤い果実は生だと青臭いので干してから食用とする。

〈採取法〉赤い果実を集める。とげがあるので手袋を着用する。春の若葉は枝をしごいてむしり採る。

〈料理法〉果実はしなびるまで干してから果実酒、薬膳料理、デザートのトッピング。若葉は茹でて、おひたしや和え物、佃煮、干してクコ茶。

▲若い果実をつけた両性株

▲花期に葉の表面が白くなり、また緑に戻る
▲花はウメの花に似た香りのよい5弁花 
▲採取した虫こぶ。蕾が肥大したもの 

マタタビ科 マタタビ属

# マタタビ
Actinidia polygama

木天蓼

🍂 秋　🏔 北海道〜九州　✦ 落葉つる性
🌸 6〜7月

　山や丘陵の林縁に生え、つるを伸ばしてほかの樹木を覆う。初夏には枝先の白い葉が目立つ。「ネコにマタタビ」というが、実際に枝や実を与えるとマタタビラクトンなどの揮発性物質がネコの中枢神経に作用し、酔ったようになる。葉は互生し、長さ6〜15cm。若葉は山菜や健康茶とされる。果実は長さ2〜2.5cmの液果で、先のとがった長楕円形。橙黄色に熟すと辛みと特有の香りがあり食用とする。雄株と両性花の株があり、どちらにもいびつな形の虫こぶ（虫瘿）ができる。この乾燥品が生薬の「木天蓼（もくてんりょう）」で、滋養強壮に使われる。

〈採取法〉高枝ばさみなどを使って果実を採る。虫こぶも忘れずに採取する。
〈料理法〉未熟な果実を洗い、塩漬けや薬用酒に。虫こぶは熱湯で中の虫を殺し、干してから浸けて薬用酒とする。

▲直径約1.5cmの5弁花を下向きにつける。写真は両性花。果実のならない雄株もある

調理例

ジャムとジュース。北海道ではコクワとよんで秋の味覚とされる

▲果実の断面。小さいがキウイフルーツにそっくり。ほぼ原寸

マタタビ科 マタタビ属

# サルナシ

*Actinidia arguta*

猿梨　別名 コクワ・シラクチカズラ

🍃 秋　📍 北海道〜九州・南千島
✤ 落葉つる性　❀ 5〜7月

秋

樹木

　野山の林に生え、樹木に巻きついて長さ30m、直径10〜15cmの太いつるになる。キウイフルーツと同属で、果実は液果で、長径2〜2.5cmと小さいが、味や作りは同じ。緑に熟して甘く香り、果皮に毛がないのでむかずに食べる。最近ニュージーランドで栽培され、日本にベビーキウイの名で逆輸入されている。葉は互生し長さ6〜10cmの広卵形で葉柄は赤い。雄株と両性株がある。キウイフルーツは中国産のシナサルナシをニュージーランドで改良した栽培種。

〈採取法〉やわらかく熟した果実と少し若い果実を柄から摘み採る。若い果実は袋などに入れて完熟させてから利用する。

〈調理法〉完熟した果実は生食、ジュース、ジャム。果実酒。果肉にタンパク質分解酵素を含むので、生だとゼリーが固まらない。

ミズキ科 ヤマボウシ属

# ヤマボウシ
*Cornus kousa* subsp. *kousa*

**山法師**　別名 ヤマグワ

🍂 秋　🗾 本州〜九州　✤ 落葉高木
✿ 5〜7月

　山地の林内に生え、高さ5〜10mになり、庭木や街路樹とされる。樹皮は暗赤褐色、横枝を水平に広げる。果実は直径1〜2.5cmの集合果で、表面に蜂の巣状の仕切りがある。赤く熟すとすぐに落ち、マンゴーに似たとろりとした甘みがあっておいしいが、中の種子はとてもかたいので噛まずに吐き出すようにする。葉は対生し、枝先に集まってつく。葉柄は長さ5〜10mm、葉身は長さ4〜12cm、先のとがった楕円形〜卵形、縁は全縁で波打つ。短枝の先に4枚の総苞がついた頭状花序を出す。総苞片は長さ3〜8cm、先のとがった卵形〜長楕円状卵形で、淡緑色のちに白色に変化して花弁のように見える。緑白色の頭状花序は直径約1cmで小さな4弁花が球状に多数集まる。この頭状花序を僧兵の頭に、白い総苞を頭巾に見立てたのが名の由来。本種の

▲白い総苞片が花弁に見える

▲たわわに実った果実。サルの好物だ

▲秋の紅葉も見事。よく庭木に植えられる

近縁種に北アメリカ原産のハナミズキがあり、街路樹や庭木とされる。花の形はよく似るが、ハナミズキの果実は集合果にならず楕円形の果実が金平糖状に集まり、秋に赤く熟し鳥が食べるが味は苦い。アジアのヤマボウシは果実食のサルがいたからおいしい実に進化した。ハナミズキは鳥向けだ。

〈採取法〉赤く熟して落ちた果実を拾う。枝を揺すると柄ごと落ちてくる。

〈料理法〉洗って生食。酸味がないので、レモンを加えて果実酒やジャムに。

▲収穫した果実。ジャムにするときは、煮る途中でいったん漉してかたい種子を取り除く

秋 樹木

▲小葉は5〜9個、頂小葉は最大で長さ30㎝もある

▲花弁の黄色い斑は蜜がなくなると赤くなる

▲種子はかたく光沢があり、クリに似ている

ムクロジ科(トチノキ科) トチノキ属

# トチノキ
*Aesculus turbinata*

栃の木・橡の木　別名 トチ

🍂 秋　📍 北海道（札幌市以南）〜九州
🌳 落葉高木　🌸 5〜6月

　日本固有種で、山の渓流沿いの肥沃地などに生え、高さ20〜30m、胸高直径2mを越す大木になる。樹形が美しく街路樹に植えられる。果実は直径3〜5㎝の朔果で、倒卵円形で表面がいぼ状突起で覆われ、熟すと3裂し、クリに似て直径3〜4㎝の種子を1〜2個出す。種子は渋抜きすれば食べられ、古くから貴重なデンプン源として利用された。葉は掌状複葉で対生し、枝先に集まってつく。枝先に大きな円錐花序が直立し、雄花と両性花が横向きに多数咲く。葉は、柏餅やちまきを包むのに利用された。パリの並木のマロニエは近縁種のセイヨウトチノキ。

〈採取法〉地面に落ちた種子を拾う。
〈料理法〉熱湯で茹で、皮をむき水に一晩さらし、木灰を入れた湯で再び煮、20日ほど浸けてアクを抜く。これを蒸して餅や団子、ゆべしなどにする。

▲角の突き出た果苞。ほぼ原寸大

▲花は早春。下垂する雄花穂と赤い柱頭の雌花

▲収穫した果苞と中のかたい堅果（ナッツ）

カバノキ科 ハシバミ属

# ツノハシバミ

*Corylus sieboldiana* var. *sieboldiana*

角榛　別名 ナガハシバミ・コツノハシバミ

🍂 秋　🗾 北海道〜九州
🌱 落葉低木〜小高木　🌸 3〜5月

　野山の林道沿いなどに生え、高さは2〜5mで庭にも植える。先が細くなった角状の実が3〜5個ずつくっつき合って枝に下がる。角の部分は葉の変形した果苞で、剛毛が生え、長さ3〜7cm。この果苞の中にかたい殻の堅果が1個ずつ入っている。堅果は直径1〜1.5cmで先がとがり、中身のナッツは油脂に富み、同属のヘーゼルナッツ（セイヨウハシバミ）に似た味でおいしい。

葉は互生し、広卵形で縁に不規則な刻みがある。若葉は中央に褐色の斑紋が入ることが多い。花は開葉前に咲く。同属のハシバミも同様に食べられる。

〈採取法〉黄色くなった果苞に包まれた果実をつけ根からもぎ採る。果苞の剛毛が指に刺さるので手袋をする。

〈料理法〉果苞をむき、中の堅果の殻を割ってナッツを食べる。生食できるが、煎って食べるとなおおいしい。

▲ オニグルミの堅果

クルミ科 クルミ属

## オニグルミ
*Juglans mandshurica* var. *sachalinensis*

鬼胡桃　別名 クルミ・オグルミ

🍃秋　🗾北海道〜九州　★落葉高木
✿5〜6月

　野山の林や川沿いに生える野生のクルミで、高さ7〜10mになる。ふつうクルミといえば茶色い堅果の状態をいうが、樹上の未熟果は緑色の分厚い外皮（肥大した果床）に包まれ、直径約5cmの卵円形でブドウの房のように垂れる。9〜10月に落下すると、タンニンを含む外皮は黒変して崩壊し、熟した堅果が転げ出る。堅果は長さ3cmほどで表面に深いしわがあり、ハンマーで叩かないと割れないほどかたい。可食部は2枚の肥大した子葉で、抗酸化値の高い油脂やビタミン類、ミネラルを含み、味もよい。葉は互生し、5〜9対の羽状複葉で長さ40〜60cm。葉軸や未熟果の外皮には褐色のべとつく腺毛が密生する。堅果は水流もしくはリスやアカネズミの貯食により運ばれる。変種のヒメグルミは堅果の表面にしわがなくてやや平たく、山には少な

▲紅色の柱頭が目立つ雌花序（上）と下垂する緑色の雄花序（下）。花粉は風に飛ぶ

▲房なりの未熟果。緑色のまま落下する

▲テウチグルミの実は1〜3個ずつつく

秋　樹木

いが昔から里山で栽培される。オニグルミの名はヒメグルミに対してつけられた。未熟果の外皮の煮出し汁は布や漁網の染料となり、昔は毛生え薬にも使われた。緑葉も染料となる。

〈採取法〉落ちた熟果を拾い、水に浸けるか土に埋めて外皮を腐らせた後、水で洗い乾かす。収穫後1〜2年は保存できる。殻ごと炒ると先端から割りやすい。

〈料理法〉おやつ、菓子材料、ソバの薬味、サラダや和え物の香味材料。

**クルミ科 クルミ属**

## テウチグルミ　別名 カシグルミ
*Juglans regia*

- 秋
- 東北地方・長野県で栽培
- 落葉高木
- 4〜5月

　ヨーロッパ東部〜アジア西部原産のクルミ。日本に自生する同属のオニグルミとヒメグルミと比べて果実が大きく、殻が薄くて割りやすいので、食用ナッツとして栽培されている。手でも割りやすいことから「手打胡桃」の名がついた。

151

▲毛むくじゃらの殻斗に包まれた初夏の実

▲ブナの実の収穫。殻斗は4つに割れて、中から2個の堅果が出てくる

ブナ科 ブナ属
## ブナ
*Fagus crenata*

橅・山毛欅　別名 シロブナ・ソバグリ

🍂 秋　📍 北海道南部〜九州　🌳 落葉高木
🌸 5月

　日本の冷温帯林の象徴種で、日本固有種。白神山地のブナ原生林は、ユネスコ世界自然遺産に登録されている。幹は灰白色で高さ30m、直径1.5mほどになる。堅果は毛だらけの殻斗に包まれて育ち、10月頃に熟すと地面に落下する。堅果は3稜形で長さ1.5cm、硬い殻の中身は渋みがなくておいしい。実りのよい年と実のならない年がある。葉は互生し、長さ4〜9cmの卵形で波状の縁をもち、側脈は7〜11対が並行する。雄花序は下垂し、雌花序は2個の雌花からなる。近縁種のイヌブナは葉の側脈が10〜14対で、幹は黒っぽく、殻斗はごく短い。堅果はブナに似て1〜1.2cmと小さいが食べられる。
〈採取法〉地面に落ちた堅果を拾う。
〈料理法〉殻をむき生食。煎って殻をむき、クルミやナッツ類と同様にケーキやクッキーのトッピング。

▲雌花。とがった鱗片が並び、これが鋭いイガとなる

▲雄花序。長いしべが目立つ

▲4裂した果実と外に出た堅果

ブナ科 クリ属
# クリ
*Castanea crenata* Siebold

栗　別名 シバグリ・ヤマグリ

秋　北海道(石狩・日高地方南部)〜九州(屋久島まで)　✦ 落葉高木　❁ 6月

　市販のクリは大粒の栽培品種だが、野生のクリは粒が小さく、栽培品種に対してシバグリ、ヤマグリと呼ばれる。丘陵から山地に生え、幹は高さ17m、直径1mほどになる。葉は互生し、長さ7〜14cm、先のとがった長楕円形で、表面は光沢があり、鋸歯の先端は針状に突き出る。初夏には多数の雄花穂が伸び、その基部に少数の雌花がつく。鋭いとげの生えた殻斗に包まれて、ふつう3個の堅果が育ち、秋に殻斗が4つに割れると堅果が顔を出す。デンプン質に富むクリは古くから食用とされて栽培され、戦国時代には臼でひいた「かち栗」が縁起担ぎの兵糧とされた。現在も正月のお節料理の定番である。
〈採取法〉イガが裂けたら堅果を採る。
〈料理法〉殻と渋皮をむいて栗ご飯。小粒なら渋皮をつけたまま重曹で煮てから砂糖煮にする「渋皮煮」が楽。

秋　樹木

▲雄花序は長さ5〜9cmで、新枝の上部に数個が斜上する。写真中央に伸びるのは雌花序

▲ドングリの収穫。表面に白いロウ質を吹く

ブナ科 マテバシイ属

# マテバシイ

*Lithocarpus edulis*

馬刀葉椎

🍂 秋　🌱 本州〜九州・沖縄（自生地は九州・沖縄）　✦ 常緑高木　✿ 6月

　日本固有種。温暖な沿海地に自生し、街路樹、防風樹などに植栽される。堅果（ドングリ）は殻が厚く、長さ2〜2.5cmほどで基部はくぼみ、開花の翌年の秋に褐色に熟して落下する。殻斗は椀状で、軸についたまま落ちる。大半の堅果は渋いが、本種のものは渋みがなくクリに似た甘みがあって食べられる。幹は高さ15m、直径60cmほどになり、樹皮は灰黒色、縦に白い筋が入る。葉は互生して枝先に集まり、厚い革質で長さ9〜20cm、全縁で光沢がある。花は初夏、雄花序は白い穂に咲き、独特の強い香りがある。

〈採取法〉地面に落ちた堅果を拾う。

〈料理法〉鍋で煎る（ただし破裂すると危険なので、事前に金づちで軽く叩いて割れ目を入れ、必ずふたをする）。粉末にし、小麦粉に混ぜてバターや砂糖と共に焼いてドングリクッキー。

▲初夏にブラシ状の雄花序が枝先に多数咲き、むっとするような強いにおいを放つ

▲どっさり拾えるおいしい「シイの実」

ブナ科 シイ属

# スダジイ

*Castanopsis sieboldii*

**すだ椎** 別名 シイ・シイノキ・イタジイ・ナガジイ

🍂 秋　🌳 本州(福島・新潟県以西)〜九州(屋久島まで)　✦ 常緑高木　✿ 5〜6月

　暖帯の照葉樹林の代表種で、暖地の野山に生え、社寺や庭園にも植栽される。幹は高さ20m、直径1mほどになり、こんもり丸い樹形になる。堅果(ドングリ)は殻斗に包まれて育ち、翌年秋に殻斗が3裂してようやく顔を出す。堅果は長さ12〜21mm、円錐に近い形で先がとがり、暗褐色〜黒褐色に熟す。渋みがなく、ほんのり甘くそのまま生食できるので、「シイの実」とよばれておやつになった。葉は互生し、厚い革質で長さ5〜15cm、全縁または先端部に波状の鋸歯があり、裏面は淡褐色の細かい垢状の毛があって、下から見上げると金褐色に見える。近縁種のツブラジイ(コジイ)は関東以西に生え、堅果は長さ6〜13mmと小粒で丸っこく、同様に食べられる。

〈採取法〉地面に落ちた堅果を拾う。

〈料理法〉煎って食べるとおいしい。

▲イヌビワの雄花嚢。赤く膨らんで口を開くが、虫入りのすかすかで食用にならない

◀オオイタビの果嚢は紫色に熟す

**クワ科 イチジク属**

## オオイタビ
*Ficus pumila*

🍃 秋〜冬　🗾 本州(千葉県以西)〜九州・沖縄　✤ 常緑つる性　✿ 5〜7月

　暖地の林縁で岩や木の幹に張り付き、幼植物は葉が小さい。雌雄異株で、雌果嚢は長さ3.5〜5cmになり秋から冬に甘く熟す。

▲雌果嚢は黒く熟す

**クワ科 イチジク属**

## イヌビワ
*Ficus erecta var. erecta*

**犬枇杷**　別名 イタビ・ヤマイチジク

🍃 秋　🗾 本州(関東地方以西)〜九州・沖縄　✤ 落葉小高木　✿ 5〜8月

　暖地の林や林縁、海岸林などで高さ3〜5mに育ち、雌株と雄株の区別がある。葉は互生し、長さ8〜20cmの倒卵形か楕円形だが、葉の細い型(ホソバイヌビワ)もある。果物のイチジクと同属で、枝葉や実を切ると白い乳液が出る。イヌビワ属の花は花嚢といって、緑色の小さな実のように見え、小昆虫のイヌビワコバチが中に入って花粉を運ぶ。9〜10月、雌株に直径1.5〜2cmの実(果嚢)が黒く熟し、小さな種子を多数含んでねっとりと甘い。一方、雄株の花嚢は赤く色づき直径2cmほどにふくれるが、内部では虫が羽化し、水気もなくカスカスで食べられない。実がビワの形で小さいのが名の由来。

〈採取法〉黒紫色でやわらかくジューシーに熟れた実を摘む。赤くふくらんだものは雄株の花嚢なので採らない。

〈料理法〉生食。煮てジャムも美味。

▲ムクノキの花。葉の展開直後に咲く

▲赤黒く熟したエノキの果実もおいしい

アサ科(ニレ科) ムクノキ属
### エノキ
*Celtis sinensis*

🍃 秋　🗾 本州〜九州・沖縄　✦ 落葉高木
❀ 4月

　野山の林に生え、街にも植えられて高さ20mになる。果実は直径6mmで甘く熟す。

アサ科(ニレ科) ムクノキ属
### ムクノキ
*Aphananthe aspera*

椋木　別名 ムク・ムクエノキ

🍃 秋　🗾 本州(関東地方以西)〜九州・沖縄　✦ 落葉高木　❀ 4〜5月

　野山の雑木林に生え、公園や道路脇などにも植えられて高さ20m、直径1mほどになる。秋に直径1cmほどの丸い果実が枝に実り、白い粉を吹いて黒紫色に熟す。樹上で少し乾いてから落ちてきた果実は、レーズンに似た香りがあり、ジャムに似た食感で甘く、昔は子どものおやつになった。葉は互生し、長さ4〜10cmほどの卵状披針形で、縁に規則正しい鋸歯が並ぶ。葉の表面に短い剛毛がありざらつくが、この毛はかたいガラス質からなり、漆器の木地やべっこうなどの研磨に利用されたことから、「剝くの木」というのが語源という。花は春に咲き、雄花と雌花がつくが、風媒花で目立たない。

〈採取法〉黒紫色に完熟した果実を摘んだり拾ったりする。

〈料理法〉水で洗って生食。中のかたい種子を抜いて煮てジャム。

秋　樹木

▲花期。直径7mm、緑白色の5弁花が集散花序に咲く。葉は健康茶やガムに使われる

▲晩秋から春にかけてドライフルーツ状態の果軸が枝ごと落下するのを拾う。くねくね曲がる果軸の部分が甘く食用になる

クロウメモドキ科 ケンポナシ属

# ケンポナシ

*Hovenia dulcis*

**玄圃梨**

🍃 秋　🐾 北海道（奥尻島）〜九州
✚ 落葉高木　❀ 6〜7月

　ふつうは実を食べるものだが、ケンポナシの場合は、花序の軸が肥大して曲がりくねった果軸を食べる。熟した直後はナシに似て爽やかな風味だが、樹上で乾くとレーズンのような濃厚な甘味と香りになる。英名はレーズンツリー。和名の由来は手棒梨（てんぼうなし）で、肥大した果軸を腫れた手指に見立てた。果軸は太さ約6mmで屈曲し、先端に丸い実がつく。実はかたい種子を3個含み、ガサガサに乾いて食べられない。山に生え高さ15mほどになる。葉は互生し、長さ10〜20cmの広卵形で3行脈が目立つ。葉のエキスは口臭や二日酔い臭除去に効果があり、市販のガムに配合されている。

〈採取法〉枝ごと落下した果軸を拾う。枝や果軸の先端の実は取り除く。

〈料理法〉そのままおやつに。レモンを加えて果実酒。葉は干して健康茶。

▲花は淡黄白色で枝に垂れて咲き、甘く香る。4弁の花びらに見えるのは萼片

▲日当たりのよい場所では実が枝にびっしりとつき、初冬の落葉後まで残る。実の中の種子は1個で、鳥が実を食べて運ぶ

**グミ科 グミ属**

# アキグミ
*Elaeagnus umbellata* var. *umbellata*

**秋茱萸・秋胡頽子**　別名 カワラグミ

🍂 秋　📍 北海道（渡島半島）〜九州
✤ 落葉低木　✿ 4〜6月

9〜11月頃に実が赤く熟す。銀白色の鱗片に覆われた直径6〜8mmの実は、ナツグミやトウグミ（p.117）と同様に甘くて渋く、生食できる。赤く熟した実はリコピンをトマトの5〜18倍も多く含むという。開けた川原や原野に生え、高さ2〜3mほどに茂る。全体に銀白色の鱗片に覆われ、葉は長さ4〜8cmで細長い。果柄は短く、枝にじかに実がつくように見える。根に窒素を固定する根粒菌が共生し、やせた土地でもよく育って砂防や緑化に役立つ一方で、本種を導入したアメリカ合衆国ではふえて侵略的外来種になっている。海岸には葉が厚くて丸みを帯びた変種のマルバアキグミが生育する。

〈採取法〉 枝をしごいて赤い実を採る。塩水に1〜2日ほど浸すと渋みが和らぐ。
〈料理法〉 生食。リカーに浸けて果実酒。水で煮て種子を漉してからジャム。

## Column
# リキュールに利用する

果実や花（と砂糖）をリカーに浸ける。時が経つほどに植物の隠れた成分がアルコールに溶け出て、熟成され、芳醇な香りと味わいに、ああ、陶然……。

文・多田多恵子

### バラ科 ボケ属
**クサボケ**　別名 シドケ
*Chaenomeles japonica*

🍃 晩秋　　🗺 本州〜九州　　✤ 落葉小低木
❀ 4〜5月

里山の明るい野道で出会う。秋に黄色く熟す実はかたく渋くて生食できないが、金色に熟成した果実酒は酸味と芳香が見事で薬効もある。

### バラ科 ナナカマド属
**ナナカマド**
*Sorbus commixta*

🍃 秋〜初冬　　🗺 北海道〜九州・南千島
✤ 落葉高木　　❀ 5〜7月

北国の秋を彩る赤い実は、生だと青酸配糖体を含み有毒だが、アルコールの中で数か月寝かせると、淡い琥珀色の美酒に生まれ変わる。

## バラ科 バラ属

### ハマナス 別名 ハマナシ
*Rosa rugosa*

🍃 秋　🗾 北海道・本州(太平洋側は茨城県・日本海側は島根県まで)　✦ 落葉低木　❀ 6〜8月

　海辺の砂地に育った赤い実は、萼を取り除いてリカーに浸ける。そのまま置くこと一年間、黄金色の逸品となる。花びらのお酒も作れる。

## バラ科 リンゴ属

### ズミ 別名 コナシ・コリンゴ
*Malus toringo*

🍃 秋　🗾 北海道〜九州　✦ 落葉小高木〜高木　❀ 5〜6月

　リンゴと同属で、山の湿原に薄紅を帯びて白い花が咲き、秋には酸味の強い実が枝に垂れる。果実酒は年を経るごとに色と風味を増す。

## スイカズラ科 スイカズラ属

### スイカズラ 別名 ニンドウ・キンギンカ
*Lonicera japonica*

🍃 茎(ほぼ通年)・花(初夏)　🗾 北海道(南部)〜九州　✦ 半常緑つる性低木　❀ 5〜6月

　花も茎も生薬となる。花や蕾をリカーに浸ければ花の香りの美酒となり、茎も浸けて薬酒となる。徳川家康も好んだという琥珀色の秘酒。

秋　樹木

バラ科 ナシ属

# ヤマナシ
Pyrus pyrifolia var. pyrifolia

山梨　別名 ニホンヤマナシ

🍃 秋　🗾 本州〜九州　✦ 落葉高木
✿ 4〜5月

　日本のナシは海外でも「ナシ・ペア」として人気がある。西洋ナシとは異なる丸い形としゃりしゃりした食感は、野生種のヤマナシを原種にもつことで生まれた。ヤマナシは日本から朝鮮・中国に分布する野生ナシの一種で、日本のものは大陸から渡来したという説もある。果実は直径2〜3cmで、9〜10月に黄褐色に熟す。果肉中に石細胞（分厚く木化した細胞壁をもつ細胞群）が存在するためにじゃりじゃりした食感があり、これは栽培種の「長十郎」に色濃く受け継がれている。本州中部以北には近縁種のミチノクナシ（イワテヤマナシ）も野生し、果実は直径5cmもあって芳香があり、この血が混じった栽培種もある。「山梨」の県名は、ヤマナシの木が多かったことに由来するという。山の林や人里に生え、幹は高さ5〜10mになり、枝は黒

▲ヤマナシの花。香りはあまりよくない

▲枝いっぱいに実ったヤマナシの果実

▲果実は直径2〜3cmで、表面に丸い粒状の皮目が多数ある

秋 樹木

紫色を帯びる。葉は互生し、長い柄をもつ長卵形の葉をつける。葉の縁には芒状の鋸歯があり、枯れると黒くなる。花は直径3cmほどの白い5弁花で数個が房になり、4月の開葉と同時に咲く。東海地方には果実が直径1cmの近縁種マメナシがあり、日本では稀少種だが、欧米では広く街路樹に使われている。
〈採取法〉熟して落下した果実を拾う。
〈料理法〉生食も可能だが、おすすめはリカーに浸けて果実酒。やわらかく熟したものは皮と芯を取り煮てジャムに。

調理例

熟成したヤマナシ酒。あらかじめ果実の表面に楊枝で穴を開けておくと早く浸かる

▲花は数個が寄り添う

バラ科 キイチゴ属

# フユイチゴ
*Rubus buergeri*

冬苺　別名 カンイチゴ

🍃 晩秋〜冬　🗾 本州(関東地方南部・新潟県以西)〜九州　✦ 常緑つる性小低木　❀ 9〜10月

　キイチゴの仲間（p.122）だが、寒い真冬に実が熟す。暖地の林下や林縁に生え、葉は冬中、濃い緑を保つ。一見すると草のようだが茎が木質化する樹木で、褐色の短毛ととげのある細い茎はつる状に地面を長く這い、所々で根を下ろしながら、高さ20〜30cmほどの空間を占める。葉は互生し、長さ3〜10cmの葉柄の先に円心形で浅く3〜5裂する葉身をつけ、縁には先が芒状になった細かい鋸歯がある。葉の表面は光沢があり、裏面には短毛が密生する。秋、枝先や葉の基部に直径7〜10mmの白い5弁花が咲く。果実は直径7〜10mmの集合果で、赤く熟すと甘酸っぱくて食べられる。

〈採取法〉一粒ずつ大切に摘む。小粒で実つきもよくないので多くは望めない。

〈料理法〉その場で生食が一番だが、ヨーグルトやケーキに飾るのも楽しい。

▲秋に葉は赤く色づく

▲サンカクヅルの葉と果実。葉は三角形

### ブドウ科 ブドウ属
## サンカクヅル 別名 ギョウジャノミズ
*Vitis flexuosa* var. *flexuosa*

🍂 秋　🗾 本州〜九州　✦ 落葉つる性低木
❀ 5〜6月

　山の林縁に生え、平地には少ない。葉は三角形で裂けず、秋は紅葉する。雌雄異株で、果実は直径7㎜ほど。黒く熟すと甘酸っぱく食べられ、ジャムや果実酒になる。

### ブドウ科 ブドウ属
## エビヅル
*Vitis ficifolia*

蝦蔓・葡萄蔓　別名 エビカズラ

🍂 秋　🗾 本州〜九州・沖縄
✦ 落葉つる性低木　❀ 6〜8月

　同じくブドウ科のヤマブドウ（p.166）やサンカクヅルと共に果実は黒く熟して食べられるが、直径6㎜と小さく酸っぱい。里山の林や林縁に生え、巻きひげで木々や垣根に絡みつく。巻きひげは葉と対生し、2節ついては1節休むことを繰り返す。枝や若葉、葉の裏面は一面のクモ毛で覆われ、その色がイセエビの甲羅に似た海老茶色であることから名がついた。葉は互生し、葉身は長さも幅も5〜8cmで、3〜5つに浅〜深裂する。雌雄異株で、夏に長さ6〜12cmの円錐花序を出し、黄緑色の地味な花をつける。有毒植物のツヅラフジやアオツヅラフジ（p.234）の実に似るので違いをよく確認すること。

〈採取法〉熟した果実を房ごと採り、房から果実をはずし、水で洗う。
〈料理法〉リカーに浸けて果実酒。果実をつぶし皮と種子を漉してジャムに。

秋　樹木

ブドウ科 ブドウ属

# ヤマブドウ
*Vitis coignetiae*

山葡萄

🍂 秋　🐾 北海道〜四国・南千島
✤ 落葉つる性木本　✿ 6〜7月

　日本に自生するブドウ属の中で最大の果実は直径約8㎜。10月に白い粉を吹いて紫黒色に熟し、甘酸っぱくておいしい。青森県の三内丸山遺跡では本種の種子がまとめて大量に発掘され、当時すでに専用の土器でワインを醸造していたと推測されている。本種で作るワインは、栽培ブドウとは違う野生味と力強さがある。酒税法の規定により、個人が許可なくヤマブドウのワインや果実酒を作ることはできないが、最近は東北地方を中心に栽培や醸造が行われ、幻のワインも入手可能になった。標高の高い山地や北国の林縁や沢沿いに生え、太いつるを伸ばして巻きひげでほかのものに絡んで高く登る。若枝や若葉には赤褐色のクモ毛がある。葉は互生し、葉柄は長さ最大20㎝、葉身は長さ幅とも最大25㎝ほどの大

▲初夏に咲く花は小さくて目立たない

▲収穫したヤマブドウの房と色づいた葉

▲つるはほかの植物を覆って葉を広げる。つるは籠やリース材料に使われる

きな5角形になる。葉の表面には細かいしわがより、裏面にはクモ毛が秋まで残る。秋には紅葉が美しい。雌雄異株で、長さ20cmほどの円錐花序に花が咲くが、雌雄とも緑色で小さく目立たない。

〈採取法〉熟果の房を高枝ばさみなどを使って採る。つるは切ったり引き下ろしたりせず、来年の収穫に期待しよう。

〈料理法〉房から果実をはずし、砂糖を加えて搾ってジュース。これを煮詰めると濃厚な味わいのジャムになる。

▲ノブドウの実は美しいが食べられない

ブドウ科 ノブドウ属

## ノブドウ
*Ampelopsis glandulosa* var. *heterophylla*

日本全土 ✦ 落葉つる性半低木
❀ 7〜8月

里山の農道や川べりに多い。果実は直径6〜10mm、色とりどりで美しい。無毒だが、甘みもなく虫こぶが多いので食用にしない。

▲アケビの花。花弁状の萼は3枚。花序の先に淡紅色の雄花(右)が数個つき、基部寄りに色が濃く大きい雌花(左)が1〜2個つく

▲ムベの果実(左)は直径5〜8cmで熟しても割れない。花(右)は春。写真は雄花

### アケビ科 アケビ属

## ムベ　別名 トキワアケビ
*Stauntonia hexaphylla*

🍂 秋　📍 本州(関東地方南部以西)〜九州・沖縄　✤ 常緑つる性木本　✿ 4〜6月

　暖地の海沿いに生え、庭に植える。葉は常緑で光沢のある掌状複葉。甘い果肉を食べる。

### アケビ科 アケビ属

## アケビ
*Akebia quinata*

　果実は9〜10月に熟すと淡紫色に色づき、縦にぱっくり割れて白い果肉がのぞく。名は口を開くから「あけ実」で、その転訛という。果実は長さ5〜10cm、直径3〜4cmほど。果肉は半透明のゼリー状で甘いが、黒褐色の大粒でかたい多数の種子を口から吐き出す必要がある。地域によっては果肉は食べず、厚い果皮のほろ苦くほっくりした味覚を好んで調理する。春の新芽も食べる。

### 木通・通草　別名 アケビカズラ

🍂 春・秋　📍 本州〜九州　✤ 半落葉つる性木本　✿ 4〜5月

茎は干して生薬とされる。野山の林縁などに生え、つるを伸ばしてほかの樹木に巻きつく。葉は5枚からなる掌状複葉で長い柄があり、小葉は先が少しくぼんだ長楕円状倒卵形。

〈採取法〉熟した果実を採る。若い芽先は自然に折れるところで摘む。

〈料理法〉果肉は生食。果皮は肉や野菜を詰めて煮たり揚げ、刻んで油炒め。若芽は茹でて和え物、おひたし、健康茶。

▲花は雌雄ともチョコレート色でアケビより小型。雄花は直径4〜5mmで穂に群れ、雌花は直径15mmで花序の基部に1〜3個つく

▲春の新芽。単に「木の芽」ともよぶ。茹でて生卵と醤油をかけて食べるのが地元流

秋　樹木

アケビ科 アケビ属

# ミツバアケビ

*Akebia trifoliata*

三葉木通・三葉通草

- 春・秋
- 本州〜九州
- 落葉つる性木本
- 4〜5月

　近縁種のアケビと共に果皮、果肉、若芽と、3通りに楽しめる山の幸。葉は鋸歯のある小葉3枚からなる掌状複葉で、果実はアケビよりやや大きく色も濃いめの薄紫色に熟す。アケビより寒さに強く、北国や山地ではミツバアケビに置き換わる。どちらも同様に食用になり、まとめてアケビと呼ぶ場合も多い。分布の重なる地域では交雑し、5枚の小葉に鋸歯がある雑種（ゴヨウアケビ）ができる。9〜10月頃、「アケビ」の果実が店頭にも並ぶが、その大半は紫のきれいなミツバアケビで、最近は山形県を中心に栽培され、果皮に詰め物をして煮たり揚げたりして食べる郷土料理の「あけび釜」などで用いられ、春の新芽も店に並ぶ。長野県の郷土玩具「鳩車」などの細工物は、ミツバアケビのつるで編まれている。

〈採取法・調理法〉アケビと同じ。

▲マツブサの実

**マツブサ科 マツブサ属**

# マツブサ
*Schisandra repanda*

- 秋
- 北海道〜九州
- 落葉つる性低木
- 6〜7月

　山の林縁で木に絡んで高さ2〜3mほどよじ登る。葉は光沢があり、松葉に似た香りがする。実は直径8〜10mmで10月に青黒く熟し、チョウセンゴミシと同様に利用する。

**マツブサ科 マツブサ属**

# チョウセンゴミシ
*Schisandra chinensis*

## 朝鮮五味子

- 秋
- 北海道・本州（中部地方以北）
- 落葉つる性低木
- 6〜7月

　名の五味子とは、甘、酸、苦、辛、塩の5つの味を兼ね備えた実という意味で、生薬として咳止めや滋養強壮に用いる。韓国では実のエキスを抽出した紅紫色の「五味子（おみじゃ）茶」が愛飲される。北海道及び長野県と山梨県の冷涼な山地に多く、林縁の低木に絡みつく。雌雄異株とされてきたが、実際は年により性別が転換する。葉は倒卵形から楕円形で、葉柄は赤みを帯びる。花は6〜9弁で直径1cmほど、クリーム色でよい香りがある。1個の花から実の房ができ、実は直径7mm前後で赤く熟す。

〈採取法〉熟した実の房を採る（10月）。水で洗い、2〜3日干してから実をほぐす。よく乾燥させれば長期保存が可能。

〈料理法〉赤い仮種皮の部分を生食し、種子は吐き出す。種子に傷や裂け目のないものを選び、リカーに浸けて果実酒。

▲秋に黄色く熟す。やわらかな外種皮は地面に落ちると悪臭を放ち、素手で触るとアレルギー物質のギンコール酸により激しい皮膚炎が生じる。内種皮は白くてかたく2稜があり、割ると中に食用部分の胚乳がある

▲扇状の葉。葉には脳血管循環を改善する成分があり、将来の認知症薬と期待されている。だが葉にもギンコール酸（上述）が含まれるため、自家製茶は安全上勧められない

秋 樹木

**イチョウ科 イチョウ属**

# イチョウ
*Ginkgo biloba*

**銀杏・公孫樹**

- 秋
- 日本各地（栽培種）
- 落葉高木
- 4月

銀杏（ギンナン）はイチョウの種子。特有の風味があり、美しい翡翠色を生かして茶碗蒸しや煮しめの彩りとされる。しかしビタミンB6の阻害物質を含むため食べ過ぎると急性中毒を招く。ことに5歳未満の幼児は数粒でも全身けいれんを起こし死亡例も多いので、与えないようにする。大人も大量に食べないほうがよい。イチョウは中国原産で街路や公園に植栽されているが、雌雄異株でギンナンは雌株にだけ実る。ギンナンはやわらかく臭い外種皮に包まれて落下するが、素手で触れると皮膚炎を起こすので気をつける。

〈採取法〉外種皮やその汁、飛沫などに触れないようゴム手袋をして、実を拾い、土中に埋めるか水に浸して果肉を腐らせ、集めた種子を洗って乾かす。

〈料理法〉殻を割って煎るか茹でるかして薄皮を取り除き、素揚げや茶碗蒸し。

▲壺状の仮種皮の中に有毒の種子がある。鳥は丸飲みして種子を排泄する

◀イヌマキの実。果床が赤や紫に色づき、ゼリー菓子のように甘くおいしい。緑色の種子は有毒なので食べないように

**イヌマキ科（マキ科）マキ属**

## イヌマキ
*Podocarpus macrophyllus*

🍂 秋　🌏 本州（関東以西）〜九州・沖縄
✦ 常緑高木　❀ 5〜6月

マキとも呼ぶ。暖地に生える針葉樹で生垣や庭木にする。雌雄異株で雌株に実がなる。

**イチイ科 イチイ属**

## イチイ
*Taxus cuspidata*

　9〜10月に赤く色づくのは果肉ではなく、母植物の一部が種子を包んでふくらんだもので、植物学的には「仮種皮」にあたる。壺状の仮種皮は直径8mmほどで、ゼリーの食感で甘くおいしいが、中の種子には毒がある。種子はかたいので飲み込めばそのまま出されるが、嚙み砕いたりすると中毒の危険がある。小さな子どもには食べさせないのが無難。イチイは北国や高い山に

**一位**　別名 オンコ・アララギ

🍂 秋　🌏 北海道〜九州　✦ 常緑高木
❀ 3〜5月

生育する針葉樹で、変種で丈の低いキャラボクと共に生垣や庭木に植えられる。名は一位で、赤褐色の材で官位を示す笏を作ったのが由来という。雌雄異株で、実は雌株だけにつく。

〈採取法〉種子を傷つけないように注意して、赤い実をていねいに摘む。

〈料理法〉赤い仮種皮の部分を生食し、種子は吐き出す。種子に傷や裂け目のないものを選び、リカーに浸けて果実酒。

▲**イヌガヤ**（イヌガヤ科）はカヤに似るが、葉はやわらかく握っても痛くない。実は9〜10月に赤茶色に熟し、外皮は甘く多肉で食べられる。昔はかたい殻の種子から油を採った

調理例

カヤの種子と、中身の煎ったナッツ

秋　樹木

イチイ科 カヤ属

## カヤ

*Torreya nucifera*

榧　別名 ホンガヤ

🍂 秋　🗾 本州（宮城県以西以南）〜九州
🌲 常緑高木　🌸 4〜5月

　山の林や寺社の境内で大木に育つ針葉樹。雌雄異株で、雌株には緑色をした長さ20〜30㎜の実（植物学的には種子）がなり、9〜10月には地面にばらばら降ってくる。松ヤニのようにべたつく緑の外皮をむくと、中から褐色のかたい殻の種子が現れる。これが郷愁を誘う「かやの実」で、煎って食べるとヤニ臭さとナッツのコクが融合した独特の風味。搾れば良質の油が採れる。葉はかたく鋭くとがって痛く、よい香りがあって、昔は蚊やりの原料とされた。材は最高級の碁盤材になる。

〈採取法〉落ちた実を拾い、外皮をはがす。数日水に浸けてから麻袋などに入れ、足で何度も踏むとはがれやすい。さらに数日、灰汁に浸けてアクを抜く。殻を割って煎り、渋皮をこそげ落とす。
〈料理法〉煎っておつまみ。砂糖がけにして茶菓子。刻んでクッキー材料。

## Column
# 里に残された果樹

里山には数々の果樹が植わっている。しかし、過疎や高齢化などにより、一部は人に見放され、無人の里にとり残されて実りを迎える。

文・多田多恵子

### カキノキ科 カキノキ属
### カキノキ
*Diospyros kaki*

 古く中国から渡来したのは渋ガキで、とろとろに熟すか、干しガキにするか、アルコールで渋抜きしないと甘くならない。甘ガキは渋ガキの突然変異から生まれた日本独自の栽培種群。

### バラ科 ボケ属
### カリン
*Chaenomeles sinensis*

 中国原産で古く日本に渡来した。果実は10〜11月に黄色く熟して芳香を放つ。果肉はかたく渋くて生食できないが、果実酒やハチミツ漬け、ジャムにすれば美味で薬用効果抜群。

### クロウメモドキ科 ナツメ属
### ナツメ
*Ziziphus jujuba* var. *inermis*

 中国原産の薬用植物で庭に植えられる。親指大の果実は秋に緑白色から赤茶色に熟し、生食するとリンゴに似た味がする。干して保存し、韓国料理のサムゲタンなど薬膳に用いる。

### バラ科 ユスラウメ属
### ユスラウメ
*Microcerasus tomentosa*

 中国原産の低木で庭に植える。果実は表面に微毛があり6月に熟す。直径1cmほどと小粒だが、生食すると甘酸っぱくおいしい。リカーに浸けてピンクの果実酒、ジャムも美味。

### ミカン科 ミカン属
## ユズ
*Citrus junos*

　中国原産で古く日本に渡来。でこぼこした果実は酸っぱく種子が多いが、香り高い果汁を料理に使う。果皮も刻んで薬味に。刻んで砂糖煮にしてジャム、ユズ茶。冬至にはユズ湯。

### バラ科 ビワ属
## ビワ
*Eriobotrya japonica*

　古く中国から渡来し、果樹や庭木にする。花は冬に咲き、6月頃に実が熟す。淡橙黄色の果肉は多汁で甘く香りがよい。酸っぱい実は煮てシロップ漬けに。葉は健康茶や入浴剤に。

### バラ科 アンズ属
## アンズ
*Armeniaca vulgaris* var. *ansu*

　古代中国で核の仁を薬用とする目的で栽培され、古く日本にも伝わった。ウメとは近縁で交雑もする。果実は6〜7月に熟して甘酸っぱく、生食のほか、ジャム、果実酒もおいしい。

### バラ科 アンズ属
## ウメ
*Armeniaca mume*

　古く中国から渡来し日本で品種改良が進んだ。花色に紅白があり観賞用品種もあるが、果実はどれも食用となる。生食はせず、梅干しや梅酢、梅シロップ、ジャムなどに加工する。未熟果は有毒。

### ミソハギ科(ザクロ科) ザクロ属
## ザクロ
*Punica granatum*

　原産地のイランから古く中国を経て渡来した。10月に果皮が割れ、宝石を思わせる多汁質の種子の粒がのぞく。可食部分は種子の毛に由来し、甘酸っぱく、生食のほか、ジュースにする。

秋　樹木

海辺

塩を含んで乾きやすい砂や岩。強い紫外線。海辺の植物たちは、厳しい環境に耐えるために、深い根や厚く光沢のある葉をつけてがんばっています。力強い生命力のみなぎる植物の一部は、昔から海辺の菜として人々に親しまれてきました。ツルナやオカヒジキは、体の塩分を排出する特殊な仕組みを発達させて、食べると塩辛い味がします。一つ一つ大切に、ありがたく摘ませてもらいましょう。

▲アシタバの若葉。葉を摘んでも翌朝にはまた新芽が出ると思わせるほど、生命力が強いことが名前の由来

調理例

アシタバの若葉のおひたし

花期のアシタバ。複散形花序を出し、淡黄色の小さな5弁花をつける

**セリ科 シシウド属**

# アシタバ

*Angelica keiskei*

**明日葉** 別名 ハチジョウソウ

- 春～秋
- 本州（関東地方以西）～九州
- 多年草
- 8～10月

　主に温暖な海岸に自生するセリ科の植物だが、伊豆諸島では古くから野菜として栽培もされていた。健康野菜として認知されるようになってからは、各地で栽培されている。茎は切らずに、若い葉を一枚一枚採取する。アシタバの旬は春で、栽培したものが市場に出回るが、それ以外の季節（3～9月）でも新芽を摘んで利用することができる。茎は太く、上部でよく枝分かれをし、50～120cmになる。葉は1～2回3出羽状複葉で根生する。葉柄の基部は袋状にふくらんだ鞘がある。茎や葉を切ると濃い黄色の汁が出る。

〈採取法〉株から次々と新芽が出る。古い外側の葉はかたいので、若葉を葉柄の地際からナイフを使って採取する。

〈料理法〉太い葉柄の根元は十文字の切り込みを入れてから茹でる。酢醤油でおひたし、和え物。佃煮、天ぷら。

▲赤みを帯びた葉柄が目立つ

▲ボタンボウフウの若葉。葉と茎はかたい

セリ科 カワラボウフウ属
## ボタンボウフウ
*Peucedanum japonicum* var. *japonicum*

🌿 春〜秋　🥕 本州（関東地方・石川県以西）〜九州　✤ 多年草　✿ 6〜9月

　海岸の砂地に生え、葉は牡丹を思わせて厚く青白い。若葉はかたいが食べられる。

## 浜防風

🌿 春〜秋　🥕 日本全土　✤ 多年草　✿ 6〜7月

セリ科 ハマボウフウ属
## ハマボウフウ
*Glehnia littoralis*

　海岸の砂地に埋もれるようにして生え、栽培もされる。砂に埋もれた若葉は、紅紫色を帯びた白い葉柄が美しく、爽やかな香りとほろ苦さがあり、料亭などで刺身のつまや料理のあしらいに使われる。砂地深くもぐるゴボウ状の長い根は、干すと生薬の防風で、正月の屠蘇などに用いられる。葉は1〜2回3出羽状複葉で厚く光沢があり、茎や花序は白い毛に覆われる。砂浜に低く咲くが、草むらでは高さ40cmになる。花序は直径10〜20cmで、果期には実が密な球状に集まる。砂に落ちた完熟種子を拾って栽培するとよい。

〈採取法〉砂に埋もれた若葉を、砂を掘るようにして柄の基部から切り採る。保護のため根は採らない。

〈料理法〉若葉は味噌をつけて生食、料理のつま、サラダ、天ぷら。さっと茹でて水にさらし、おひたしや酢の物。

ハマミズナ科(ツルナ科) ツルナ属

# ツルナ
*Tetragonia tetragonoides*

蔓菜　別名 ハマヂシャ

🌿 春〜初夏(ほぼ通年)　📍 北海道(西南部)〜九州・沖縄　✤ 多年草　✿ 4〜11月

　主に太平洋側の海岸の砂地にふつうに生える多年草で、つる状に茎を伸ばして群落を作る。全体に多肉質で、噛むと塩の味がする。茎や葉の表面はきらきらした粒に覆われているが、これは塩嚢(えんのう)細胞といって、体内に入った塩分を隔離して保管する装置で、植物体を塩害から守っている。葉や茎は水分を蓄えてみずみずしく、ホウレンソウに似た味でおいしいので、古くから食用に栽培される。抗酸化作用をもつカロテンやビタミンEを含むとして最近は健康野菜とされているが、シュウ酸を高濃度に含むので、生食は避け、茹でてよく水にさらしてから調理する必要がある。茎は枝分れして横に這い、枝先は斜上して高さ20〜60cmになる。葉は長さ4〜6cmの卵状3角形で互生し、基部に花が咲いて実を結ぶ。実は直径1cmほどで厚い

▲ツルナの群落。奥はハマダイコン(p.183)

▲花の時期のツルナ。黄色い花びらに見えるのは内側が黄色い萼片で、花弁はない

▲横に這うように伸びる茎。葉は肉厚で乾燥に強く、表面は粒状の塩囊細胞に覆われてきらきらと光り、触るとざらつく

コルク質に包まれ、海に浮いて運ばれるので、アジア、オーストラリア、南アメリカなどにも広く分布して食用とされる。最近、人気のアイスプラントも同じ科の海岸植物で、塩囊細胞が水滴のように光る。

〈採取法〉春から初夏が旬だが、暖地では通年採取することができる。茎先10cmほどをちぎるようにして折る。

〈料理法〉シュウ酸を除くため、一度湯がいて水にさらしてから料理する。ホウレンソウと同様に使える。

海辺

調理例

ツルナの若葉とタラコを使ったパスタ

▲針状の葉の基部に淡緑色の花が咲く

調理例

辛子醤油和え。クセがなく歯ざわりがよい

ヒユ科（アカザ科）オカヒジキ属

# オカヒジキ

*Salsola komarovii*

陸鹿尾菜　別名 ミルナ

🌿 春〜夏　📍 日本全土　✦ 一年草
❀ 7〜10月

　海岸の砂礫地に自生し、海藻のヒジキに似ているのでこの名がついた。若い茎葉はしゃきしゃきした歯ごたえで、食用に栽培もされる。カリウムや塩分を含み、海岸のものは葉を嚙むと塩辛い。かつてはこの茎葉を焼いて工業的に重要な炭酸ナトリウムを生産した時代もあった。茎は無毛でよく枝分かれして高さ10〜40cmに茂り、先が針状になった細い多肉質の葉をつける。海岸の開発や震災の影響で自生地は減少しており、見渡して数が少なければ採取は控えてほしい。

〈採取法〉茎先10cmほどの新芽を摘み採る。茎はかたいので、指でちぎれるところから先を利用する。

〈料理法〉植物全体に高濃度のシュウ酸が含まれるので、生食は避ける。必ず一度湯がき、水気を切ってから、炒め物、おひたし、和え物、サラダ。

▲花は、栽培ダイコンよりも紫が濃い

◀数珠状にくびれた実。栽培種のダイコンとは異なるルーツの海流散布型植物である

《調理例》
若い実の塩茹で。なかなかいける

アブラナ科 ダイコン属

# ハマダイコン

*Raphanus sativus* var. *hortensis* f. *raphanistroides*

浜大根

- 春
- 日本各地（帰化植物）
- 二年草
- 4〜6月

　栽培種のダイコンにごく近縁な史前帰化植物で、古い時代に渡来し、海岸の砂地に群生している。一部は内陸の人里の草地にも生育し、これをノダイコンともよぶ。海岸のものは根が細くてかたいが、肥料分の多いところでは太って食用になる。葉や花は栽培種のダイコンとほとんど違わないが、ハマダイコンの実は数珠状にくびれる点が異なる。熟して乾くと、実は種子を入れたままくびれの位置でちぎれ、海水に浮いて漂流する。葉はダイコンと同じように食べられ、若い実や蕾、淡紅紫色の花も食べられる。

〈採取法〉ロゼット状の葉をまとめてもち、根ごと抜き採る。花茎が立つと根にすが入る。若い実や花を摘む。

〈料理法〉野菜の大根と同じ。葉や根は刻んで一夜漬け。若い実は塩で茹でてビールのつまみ。花はサラダ。

マメ科 レンリソウ属

# ハマエンドウ

*Lathyrus japonicus*

浜豌豆

- 春
- 日本全土
- 多年草
- 4〜7月

　海岸や湖、川原などの砂地に生え、長く地下茎を伸ばして広がる。浜辺に生え、エンドウに似ているのでこの名がついた。春の若芽や花、若い莢を食用にする。茎は長さ100cmほどで角張り、全体に粉白色を帯びている。葉は先端の巻きひげと8〜12枚の小葉からなる偶数羽状複葉で、短い柄があり互生する。葉の基部に托葉があり、3角状卵形で小葉とほぼ同じ大きさ。葉のつけ根から総状花序を出し、長さ2.5〜3cm、赤紫〜青紫色の蝶形花を3〜6個つける。莢は長さ5cmほどで無毛、黒褐色に熟す。種子は球形で褐色。完熟種子（豆粒）は有毒なので要注意。同属で園芸種のスイートピーも完熟した種子は有毒である。

〈採取法〉蕾のつく前の若芽、やわらかな若葉、花、莢は爪が立つくらいの若いものを摘む。

▲春から初夏に咲く花は、スイートピーに似ていて可愛らしい

▲砂浜にできた大群落

〈料理法〉葉や莢は生で天ぷらや油炒めに。茹でて調理してもあまりおいしくない。花は酢湯で湯通しして酢の物。若い莢も多食は禁物。

◀若い莢

調理例

若い莢のバター炒め（上）と、若芽のスクランブルエッグ（下）

海辺

ヒガンバナ科(ユリ科) ネギ属

# アサツキ

*Allium schoenoprasum var. foliosum*

浅葱　別名 イトネギ・センボンワケギ

🍃 夏　🏔 北海道〜四国　✦ 多年草
❀ 5〜6月

　主に日本海側の海岸や山野の草地に生え自生する多年草で、野菜として古くから栽培されている。葉が葱より浅い緑色をしているので浅葱という名がついたが、ネギとは別種で、ネギよりも辛みが強い。春の若葉や地中の鱗茎を食用にするが、ペットには有毒で、人も多量に生食すると胃痛や下痢を起こす例がある。鱗茎は長さ15〜25mmの狭卵形で外皮は灰褐色。花茎は高さ30〜50cmで、1〜3個の葉がつく。葉は長さ15〜40cmで、中空で細長い円柱形をしている。花茎の先に散形花序を出し、淡紅紫色の花が多数集まる。
〈採取法〉大きな株を掘り、鱗茎の大きなものだけ採ったら埋め戻す。葉だけを利用するなら根元からちぎる。
〈料理法〉生の多食は避け、茹でてぬたにするのがベスト。薬味の場合は少量にとどめる。

▲花被片は6枚、長さ9〜12㎜、先がとがった披針形で、はじめ膜質の総苞に包まれている。雄しべは花被片より短い

▲海岸に生える花の時期のアサツキ

◀エゾネギの花。ヨーロッパではチャイブの名でハーブとされる

▲若葉の頃のアサツキ。万能ねぎより辛みが強く、生で食べると胃に与える刺激も大きい

海辺

ヒガンバナ科(ユリ科) ネギ属

### エゾネギ　別名 チャイブ
*Allium schoenoprasum* var. *schoenoprasum*

- 春
- 北海道・本州(北部)
- 多年草
- 5〜7月

　香味野菜とされるアサツキの変種で、北半球の温帯〜寒帯の草原に生育する。若い葉を食べるがネギより辛みが強い。

調理例

アサツキをちらした豚肉と錦糸卵の和え物

秋の里山を赤く染めるヒガンバナは、美しさとは裏腹に有毒です。野生植物の多くは虫や動物に対して苦みや渋みやえぐみなどの有害成分で身を守っていますが、特に少量で強い異常反応や炎症を起こす成分は「毒」とよばれます。うっかり山菜と間違えて有毒植物を食べてしまうと、手痛いしっぺ返しを食らいます。触っただけでかぶれる植物もあります。不幸な事故を防ぐには、日頃から植物の特徴や性質を覚えておくのが一番です。美しい花にも有毒な種類があることを知ったうえで親しみましょう。

　厚生労働省では、以下のようによびかけています（URL は p.255 に記載）。
「食用の野草と確実に判断できない植物は、絶対に、採らない！　食べない！　売らない！　人にあげない！」
「山菜に混じって有毒植物が生えていることがあります。山菜狩りなどをするときは、一本一本よく確認して採り、調理前にもう一度確認しましょう。」

# 有毒種

▲夏に小さな花を球状につける

▲ドクゼリの地下茎。タケノコ状の節がある

セリ科 ドクゼリ属

# ドクゼリ

*Cicuta virosa*

**毒芹** 別名 オオゼリ・エンメイチク・マンネンチク

北海道〜九州 ✦ 多年草 ❁ 6〜8月

　山の水湿地に生え、ドクウツギ（p.233）、トリカブト（p.203）と並ぶ、日本三大有毒植物の一つ。茎葉、根、花の全草が猛毒で、芽出しの若葉をセリ（p.8）、地下茎をワサビ（p.63）と誤認する中毒事故が多発する。食べるとめまい、流涎、嘔吐、頻脈、呼吸困難等が生じ、死亡率が高い。毒は皮膚からも吸収される。地下茎は緑色を帯び、太く中空でタケノコ状の節がある。地上茎も中空で高さ0.6〜1mになる。葉は柄のある2〜3回羽状複葉で、小葉は成長すれば長さ3〜8cmになる。夏に複散形花序を出し、放射状の花軸の先に白い小花が球状につく。果実は無毛、長さ約2.5mmの卵球形で太い黄色の稜がある。セリやワサビと違い、香りはない。葉のにおいと根茎の形状を確かめること。園芸では地下茎を延命竹、万年竹の名で縁起物の盆栽とする。

▲夏のはじめの状態。花茎はさらに高く伸びて花序を広げる

セリ科 ドクニンジン属

# ドクニンジン
*Conium maculatum*

**毒人参**

日本各地（帰化植物）　二年草
7～9月

ヨーロッパ原産の薬用植物だが、根を含む全草ことに果実が猛毒で、ソクラテスの処刑に使われたという。アメリカやオーストラリア、アジアに広く帰化し、日本では北海道など全国各地で雑草化し、山菜のシャク（p.55）と誤認した中毒事故が起きている。食べると嘔吐、筋肉麻痺、呼吸困難を生じ、生命の危険もある。葉は3回羽状複葉、細かく裂けてパセリやシャクに似るが、ちぎるとカビかネズミの尿のような異臭があり、また葉柄の根元にひれが張り出すので区別できる。茎は無毛で紫紅色の斑点があり、高さ70～160cmになる。夏に茎の頂に傘型の複散形花序を多数出し、小花は白く直径3mmほど、5枚の花弁はほぼ同大の倒心形で先がくぼむ。果実は直径約3mmの楕円形で5脈が翼状になる。同じく帰化種のノラニンジンはニンジンの野生種で無毒。

有毒種

### ナス科 ハシリドコロ属

# ハシリドコロ
*Scopolia japonica*

### 走野老

🦌 本州〜九州　✦ 多年草　❀ 4〜5月

　山の沢沿いの湿った木陰に群生し、木々の芽吹き前に芽吹く。茎葉はやわらかく強い苦みやにおいもなく、山菜と誤認した中毒事故が毎年起こる。ことに、まだすぼんでいる若い芽は黄緑色でうぶ毛をまとい、フキノトウ（p.20）と誤認する例が多い。しかし根を含む全草に猛毒があり、食べるとめまい、嘔吐、けいれん、昏睡、呼吸停止などの中毒症状を生じる。葉は互生し、長さ6〜18cmの長楕円形で鋸歯はなく、展開すると無毛。茎は高さ30〜60cmになる。花は長さ約2cmの釣鐘型で縁は浅く5裂し、暗紅紫色で内面は黄緑色、萼は緑色で、葉の下側に1個ずつ垂れて咲く。地下茎は太くくびれがあり横に這う。果実は萼の内側で丸く熟し、熟すと割れて小さな種子を散らす。太い根茎がオニドコロ（p.139）に似て、食べると走りまわるほど苦しむのでこの名がある。

▲新芽。より若い時期はフキノトウに似る

▲みずみずしい若芽はおいしそうに見える

▲早春の山の渓流沿いを歩くとよく出会う

▲くびれた太い根茎。干して薬用とされる

## Column
### 毒と薬と美女
文・多田多恵子

ハシリドコロはその猛毒により、誤って食べた人をのたうちまわるほどに苦しめる一方で、優れた薬草として多くの人々を病の苦しみから救ってきた。根茎を乾燥したものはロート根とよばれ、日本薬局方のロートエキスまたは硫酸アトロピンの原料となり、点眼薬、胃腸薬、鎮痛薬、パーキンソン症候群の治療薬、全身麻酔の際の前投薬などに用いられている。

ハシリドコロに近い植物に、ヨーロッパで有名な薬草のベラドンナ(セイヨウハシリドコロ)がある。食べれば毒草だが、根は硫酸アトロピンの原料となり

▲ハシリドコロの花

数々の医薬に使われている。名のベラドンナとはイタリア語で「美しい女性」の意味で、果実のエキスに瞳孔を拡散させる作用もあるところから、昔のヨーロッパで貴婦人がこれを目薬に用い、目をぱっちりさせて夜会に出かけたことに由来する。植物の毒は美女を生む魔法薬にもなるのである。

有毒種

▲イヌホオズキの果実は黒く熟し、軸に総状に（1個ずつ位置がずれて）つく

▲アメリカイヌホオズキの花と果実。イヌホウズキと同属の北アメリカ原産の帰化種で、花は白または薄紫色。花や果実は軸に散形に（一か所から分かれて）つく

**ナス科 ナス属**

# イヌホオズキ

*Solanum nigrum*

**犬酸漿**　別名 バカナス

🎋 日本全土　✦ 一年草〜多年草
✿ 7〜11月

　畑や道端、都会の空き地などにふつうに生える雑草で、世界の温帯・熱帯地域に広く帰化している。ジャガイモと同属で有毒成分のソラニンを葉や果実（特に未熟果）に含み、多量に食べると嘔吐、腹痛、下痢、昏睡などの中毒症状を引き起こす危険がある。茎は直立し、枝を分けて高さ20〜60cmになる。葉は互生し、葉身は長さ3〜10cmで縁は全縁または粗い波状の鋸歯がある。茎の途中に花序を出し、白い花を総状に4〜8個つける。花冠は直径7〜10mmで5裂し、突き出した雄しべの黄色い葯がよく目立つ。果実は直径6〜7mm、球形の液果で黒く熟し光沢はない。暖地ではときに多年草となる。海外には毒性の低い変種や品種があり、野菜としたり、黒い熟果を煮てジャムにする地域もあるが、日本のものは近縁種も含めて食べるべきではない。

▲八重咲きの観賞用園芸品種も有毒

▲若い実（左）と熟果（右）。胡麻に似た種子は猛毒

ナス科 チョウセンアサガオ属

# チョウセンアサガオ

*Datura metel*

朝鮮朝顔　別名 ダチュラ・ダツラ・マンダラゲ

🎵 日本各地（園芸・栽培・帰化植物）
✦ 多年草　❀ 6〜9月

有毒種

　インド原産で江戸時代に薬用に導入され、暖地の道端などに野生化している。薬用成分のアトロピンを含み、華岡青洲が全身麻酔に用いた。一方で誤食による中毒事故が頻発し、根をゴボウ、葉をハーブ類、蕾をオクラやシシトウ、種子を胡麻と誤認した例がある。中毒症状は頻脈、言語障害、意識混濁などで、葉5枚で中毒する。茎は太く直立して枝を分け、高さ1mほどになる。

葉は卵形から広卵形で長さ8〜15cm。夏から秋に白い漏斗型の花が咲く。萼は筒形で長さ約4.5cm、花冠は長さ15〜20cmで先は浅く5裂して先端はとがる。果実は直径約3cmでとげに覆われ、熟すと胡麻に似た黒い種子を出す。仲間にヨウシュチョウセンアサガオ、キダチチョウセンアサガオ（エンゼルトランペット）などがあるが、いずれも有毒である。

ヤマゴボウ科 ヤマゴボウ属

# ヨウシュヤマゴボウ
Phytolacca americana

**洋種山牛蒡**　別名 アメリカヤマゴボウ

🐦 日本各地（帰化植物）　✤ 多年草
✿ 6〜9月

　北アメリカ原産の大きな多年草で、明治初期に渡来。在来種のヤマゴボウに対し、西洋産という意味で名に洋種とついた。鳥が実を食べて種子を運ぶため、全国の空き地や道端に雑草化している。薬用にもなるが、全草、特に根や果実中の種子にサポニン類などの強い毒が含まれ、食べると腹痛、嘔吐、下痢を起こし、重症の場合は死に至る。ゴボウ状の根を、本来はモリアザミ（p.132）の根で作る「山ゴボウの味噌漬け」の原料と勘違いして食べて中毒する例がとても多い。春先に伸びる若葉はみずみずしく、山菜と勘違いして食べると中毒する。茎は太く紅紫色で、夏には高さ0.7〜2.5mになる。葉は長さ10〜30cmの長楕円形ですべすべし、鋸歯はない。葉の基部から細長い花序が伸びて白い花が咲き、果期には少し平たい丸い果実がブドウの房のよ

▲花期。子房は10室で果時には融合する

▲熟した果実を潰すと紫色の果汁が出る。インクベリーともよばれ天然染料となる

▲果軸は赤い。黒い熟果を鳥が食べる

うに垂れ下がる。果実は直径約8mmで黒紫色に熟し、一粒だけだとブルーベリーに似る。果汁は染料となる。種子は強い毒を含み、アメリカでは粉砕された種子を含むジュースを飲んだ子どもの死亡例がある。ただし種子は嚙み砕かなければそのまま排泄される。英名はポークウィード。ネイティブアメリカンは葉や茎を何回も茹でこぼした後に食用としたが、まねは危険だ。在来種のヤマゴボウは果穂が直立し、有毒で、湿った山中にまれに生える。

▲秋には紅葉する。赤い色素はベタシアニン

有毒種

▲花期のタカトウダイ。丈は30〜80cm

▲花期のノウルシ。湿地に群生する

トウダイグサ科 トウダイグサ属

# トウダイグサ

*Euphorbia helioscopia*

　トウダイグサ科の植物は、茎や葉を切るとゴム成分を含む白い乳液が出るのが特徴で、有毒植物が多い。トウダイグサは春の日当たりのよい農道や草地に生え、上から見ると花や苞葉が枝先に丸く皿状に集まり昔の灯台（燭台）を思わせるので、この名がついた。全体が黄緑色でやわらかいが、全草に有毒物質を含み、大量に摂取すると腹痛、下痢、めまいなどの中毒症状を生じ、

灯台草・燈台草　別名 スズフリバナ

🌿 本州〜九州・沖縄　✦ 多年草
✿ 3〜6月

乳液が皮膚についたり目に入ると炎症を起こす危険がある。茎は高さ20〜40cmで直立し、大型の葉が5枚輪生した個所から5本の枝が出て、その先に黄緑色の苞葉がつき、中心からトウダイグサ科特有の杯状花序を出す。杯状花序は1個の花のように見える。よく似た仲間に**タカトウダイ**、**ノウルシ**などがあり、いずれも誤食や接触により中毒する危険があるので注意する。

▲初夏から夏に長さ20～25㎝ほどの細長い総状花序を出し、白～淡黄色の花が多数つく。花は長さ1.5～1.8㎝

▲花はすぼんだ形の蝶形花。写真は満開時

▲莢はササゲのように細長いが有毒。長さ7～8㎝で種子は4～5個入っている

マメ科 クララ属

# クララ

*Sophora flavescens*

眩草　別名 マトリグサ・クサエンジュ

本州～九州　多年草　6～7月

薬草であると同時に毒草で、全草に有毒な苦み物質を含み、特に根は嚙むと目がくらむほど苦いので眩草（くらぐさ）とよばれ、それがクララになった。山の草原に生え、茎は直立または斜上して高さ50～150㎝。葉は長さ15～25㎝の羽状複葉、小葉は15～41枚で細長く裏面に毛が多い。葉や花序も苦いので誤食の恐れは少ないが、ハリエンジュ（p.121）の小葉は丸く、フジ（p.82）の茎はつるになるのが相違点。根を乾かしたものが生薬の苦参（くじん）で、服用過多により頻脈や呼吸困難などの中毒症状を生じた例がある。なお、マメ科植物にはルピナス（p.236）、エニシダ、スイートピーなど有毒植物が多い。白インゲン豆も未加熱で食べると中毒する。フジやカラスノエンドウ（p.41）の完熟種子も生食や多食は禁物である。

有毒種

▲家畜もふつうは食べないので放牧地に群生する

◀珍しい八重咲きの金鳳花

キンポウゲ科 キンポウゲ属

# ウマノアシガタ
*Ranunculus japonicus*

馬脚形　別名 キンポウゲ

北海道〜九州　✦ 多年草　✿ 4〜5月

　春の野原や放牧地に群生し、輝くような黄色の5弁花が美しい。英名はバターカップで、近縁種は世界の温帯地域に広く分布する。しかしキンポウゲ属の植物は基本的に全て有毒である。家畜の誤食による中毒例が多いが、人も誤食すると口に焼けつくような刺激があって胃腸粘膜がただれ、汁液が皮膚につくと赤くかぶれる。掌状に3〜5深裂する根出葉を薬草のゲンノショウコ(p.127)やニリンソウ(p.71・203)と見誤る可能性があるが、本種は茎や葉に白い長毛が多く、茎は高さ30〜60cmになり、茎の途中には基部まで深く切れ込んだ葉がつく。花は直径約2cm、花弁には光沢がある。花後に直径5〜6mmの金平糖に似た形の集合果ができる。まれに見られる八重咲き品を金鳳花(キンポウゲ)とよび、通常の一重のものも同名でよぶことが多い。

▲集合果

▲ケキツネノボタンの花と集合果

▲キツネノボタンの花と集合果

▲ケキツネノボタンの根生葉と茎葉

キンポウゲ科 キンポウゲ属

# キツネノボタン

*Ranunculus silerifolius* var. *glaber*

狐牡丹

日本全土　✦ 多年草　❀ 4〜7月

有毒種

　田の畦や川縁、湿った林縁などに生える高さ30〜60cmの多年草。葉は3出複葉で小葉はさらに2〜3裂し、縁には鋸歯がある。若い葉はセリ（p.8）やミツバ（p.54）と見誤る可能性があるが、ちぎってにおいを嗅げば区別できる。茎の先に直径1cmほどの光沢のある黄色い5弁花をつける。花弁は細長い。花後は直径約1cmの金平糖状の丸い集合果になり、痩果は縦に平たく、先端が下向きにかぎ状に曲がる。よく似た近縁種に**ケキツネノボタン**があり、全体に毛が多く、痩果の先端はまっすぐで曲がらない。キンポウゲ属の毒は揮発性のプロトアネモニンで、皮膚や粘膜を刺激するため、食べると口や胃腸に炎症を起こし、触れると皮膚炎を発症する。しかし加熱や乾燥により揮発するので、乾燥して干し草にすれば家畜が食べても無害になる。

▲花と集合果。集合果は滑らかな俵型

▲冬のロゼット。葉は幅2.5～7cm

**キンポウゲ科 キンポウゲ属**

# タガラシ
*Ranunculus sceleratus*

**田辛子・田枯らし**

🦆 日本全土　✦ 越年草　✿ 4～5月

　春の水田雑草の一つで、田の地面や溝の縁などに生える。全草が有毒で、間違って食べると口や胃腸がただれ、汁液が皮膚につくとかぶれる。冬の間は長い柄のあるロゼット葉を地面に低く放射状に広げる。葉は3～5裂し、肉厚で表面に光沢がある。この時期の若苗をセリ（p.8）と誤認する可能性があるが、タガラシの葉は複葉ではない。暖かくなると太くやわらかな茎を一気に伸ばす。茎は上に伸びて枝を分け、高さ約30cm、最大では60cmほどになる。茎葉は互生し、上部のものは裂片が細く柄も短い。枝先に直径8～10mmの黄色い光沢のある5弁花をつける。花の中心にある緑色の丸いものは子房の集まりで、花後には長さ8～10mmの俵型の集合果に育つ。名は、嚙むと辛みがある、もしくは田にはびこるという意味で田枯らしだという。

▲烏帽子のような形をした花

▲矢印がトリカブト。手前の白い花や葉は山菜にもなるニリンソウ。葉の形はよく似ているので要注意

キンポウゲ科 トリカブト属
# ヤマトリカブト
*Aconitum japonicum* subsp. *japonicum*

山鳥兜

本州(関東地方・中部地方) 　多年草
8〜10月

　トリカブト属の毒は日本の植物の中で最も強く、中毒件数・死亡者数も最も多い。同属の仲間は日本に約30種あり、山の林から草原、高山帯にかけて幅広く生育する。一般に茎は直立または斜めに伸びて高さ1m前後になる。夏から秋に花序を出し、舞楽で使われる烏帽子(鳥兜)に形の似た青紫色の花が咲く。植物全体に複数の有毒成分を含み、特に根茎は猛毒だが、葉も数枚で中毒を引き起こす。春の新芽を山菜のモミジガサ(p.59)やニリンソウ(p.71)と間違えたことによる中毒事故が多いが、モミジガサには強い香りがあり、ニリンソウの茎は中空である(トリカブトは無臭で茎は充実)。中毒症状は唇のしびれや嘔吐にはじまり、呼吸麻痺、けいれんなどを経て死亡に至る。薬用植物でもあり、塊根は「烏頭(うず)」、「附子(ぶし)」とよぶ。

有毒種

▲ロゼット葉を広げる冬のクサノオウ

▲林床に咲くヤマブキソウの花

ケシ科 クサノオウ属

# クサノオウ

*Chelidonium majus* subsp. *asiaticum*

草黄・瘡王

🐕 北海道〜九州　✦ 一年草〜越年草
❀ 4〜10月

　里山の草地や道端、林縁などに生える有毒植物で、薬草としても利用される。茎や葉を傷つけると黄色の乳液が出て、皮膚につくとかぶれ、誤って食べると胃腸粘膜がただれる。葉や茎に縮れた毛が多く白っぽく見える。茎は中空で、高さ30〜80cmになる。冬は根出葉のみのロゼットで過ごし、春に茎を立てて花が咲くが、その後も秋まで花や実が見られる。茎葉は互生して長さ7〜15cmほど、1〜2回羽状に裂けて緑白色を帯びる。花は直径2cmほどの黄色い4弁花で、果実は長さ3〜4cmの細い円柱形で直立する。種子をアリが運ぶので石垣などによく生える。名の由来は、黄色の汁液を出すので「草の黄」などというがはっきりしない。近縁属の**ヤマブキソウ**は山の林に生える多年草で、花は直径5cmほどもあって美しいが、有毒といわれる。

▲果実は平たい紡錘形で、黄褐色に熟す

◀茎や葉を切ると毒々しいオレンジ色の汁が出る

▲春の芽出し。茎は中空で伸長が早い

**ケシ科 タケニグサ属**

# タケニグサ
*Macleaya cordata*

**竹似草・竹煮草**　別名 チャンパギク

本州～九州　✚ 多年草　✿ 7～8月

　日当たりのよい山野や市街地の空き地などに生える大型の多年草。日本では雑草だが、欧米では観賞用に庭園に植えられる。植物全体が有毒で、誤って食べると吐き気をもよおして酒に酔ったようになり、ひどい場合は嘔吐、下痢、血圧や体温の低下、呼吸麻痺を起こす。茎は太く分岐せずに直立して高さ1～2mになり、竹のように中空で粉白色を帯びる。葉は互生して長い柄があり、葉身は長さ10～30cmで菊の葉のように深く切れ込み、裏面は白い。茎や葉を切るとオレンジ色の乳液が出る。夏に茎の先に大きな円錐花序を出し、白い花を多数つける。花は長さ1cmで花弁はないが、糸状の白い雄しべの房がよく目立つ。名は、中空の茎が竹に似るので「竹似草」、竹と一緒に煮ると竹がやわらかくなるという俗説から「竹煮草」などといわれる。

有毒種

▲早春のムラサキケマン。葉は緑白色

▲ケマンソウは中国原産のケシ科コマクサ属の園芸植物で、タイツリソウともよんで庭に植えるが、プロトピンを含み有毒。薬用にもなる

ケシ科 キケマン属

## ムラサキケマン
*Corydalis incisa*

紫華鬘　別名 ヤブケマン

🌿 日本全土　✦ 越年草　❀ 4〜6月

　低地の林縁や道端などのやや湿った日陰に生えるやわらかな草で、細かく裂けた葉がセリ科のセリ（p.8）やシャク（p.55）、パセリ、ニンジンなどに似て見えるが、ちぎってもよい香りはなくて異臭がある。有毒成分はプロトピンといい、誤って食べると悪酔いしたように眠くなり、吐き気、嘔吐、脈や呼吸の低下などの中毒症状を生じる。全体に無毛で、茎は角張って直立し、高さ20〜50cmになる。葉は根生葉と茎葉があり、2〜3回羽状に裂ける。茎の先に総状花序を出し、紅紫色もしくは淡紫色の花を横向きに多数つける。果実は長さ約1.5cmで細長く、熟すと裂けて種子を弾き飛ばす。名の華鬘とは寺院の内部を飾るために花を糸で連ねて輪に結んだものをいい、**ケマンソウ**の花をこれにたとえた。紫色の花のケマンソウという意味である。

▲ミヤマキケマンの花と実。花は鮮黄色

ケシ科 キケマン属

## ミヤマキケマン
*Corydalis pallida* var. *tenuis*

本州（近畿地方以東） ✦ 多年草 ❀ 4〜6月

　深山（みやま）と名につくが、平地の林縁や石垣などにふつうに生える。キケマンより全体に細くて花は黄色く、葉は白っぽくならない。葉は細かく裂けてセリ科植物を思わせるが有毒。近畿地方以西には変種のフウロケマンが分布する。

ケシ科 キケマン属

# キケマン
*Corydalis heterocarpa* var. *japonica*

　海岸や低地の草地や荒れ地に生え、都会の線路際などにも見かける。全体に毛がなく白っぽい緑色で、傷つけると悪臭のある汁液が出る。細かく裂けた葉はセリ科植物を思わせるが、白い粉を吹いたような独特の葉の色や悪臭により区別できる。ケシ科植物特有の有毒物質であるプロトピンを全草に含み、誤食すると眠気や吐き気、体温や脈の低下などを引き起こす。葉は細か

### 黄華鬘

本州〜九州 ✦ 越年草 ❀ 4〜6月

く裂けた3〜4回羽状複葉で緑白色。茎は中空で太くて丸く赤みを帯び、高さ40〜60cmになる。茎の先に総状花序を出し、長さ2cmほどの黄白色で茶色い斑のある花が横向きに多数並ぶ。花冠は筒状唇形で短い距がある。果実は長さ3cmほどで細長く、熟すと裂けて黒い種子をこぼす。種子にはアリを誘う白いエライオソームがあり、アリが種子を運ぶのでよく石垣に生える。

有毒種

### キジカクシ科(ユリ科) スズラン属

# スズラン
*Convallaria majalis* var. *manshurica*

**鈴蘭**　別名 キミカゲソウ

🐾 北海道・本州・九州　✦ 多年草
✿ 4〜6月

　山や高原の草地に生え、特に北海道を代表する愛らしい花だが、強心配糖体を含む有毒植物であり、放牧地では牛など家畜が食べて中毒することがある。全草有毒で、特に花や根は毒性が強い。誤食すると、嘔吐、頭痛、めまい、心不全、血圧低下、心臓麻痺などを起こす危険がある。中毒事故としては、芽出しの頃に山菜のユキザサ（p.68）やギョウジャニンニク（p.69）と間違えて食べた例が多い。ギョウジャニンニクにはニンニクのようなにおいがあるが、スズランににおいはない。ユキザサの葉や茎には白い粗毛が密生しているが、スズランの葉には毛がない。スズランの地下茎は細長く横に這い、葉は基部が長い鞘となって茎を包み、2〜3枚根生する。初夏に花茎を伸ばし、釣鐘形をした白い花を葉より低い位置に数個つけて甘く香る。

▲花は直径約1cmで、先は浅く6裂する

▲2〜3枚の葉を広げ、その下に花が咲く

▲秋には果実が赤く熟す

果実は直径6〜8mmの液果で赤く熟す。花の形が鈴に似ているのが名の由来。なお、香水や園芸の目的で栽培されているのは、ほとんどが同属でヨーロッパ原産のドイツスズランで、花茎が葉の上に出るので花が目立ち、花の香りも強い。これも同じ成分を含んで有毒である。いくつかの書籍にはドイツスズランの花を挿してあったコップの水を飲んで子どもが中毒死した例があると書かれているが、情報の原典は明らかではない。

▲春の芽出しの頃は山菜と間違えやすい

有毒種

ヒガンバナ科 ヒガンバナ属

# ヒガンバナ
*Lycoris radiata*

**彼岸花**　別名 マンジュシャゲ・シビトバナ

🐦 日本全土　✦ 多年草　✿ 9月

　田の畦や土手、墓地などに群生し、秋には真っ赤に咲いて美しいので観賞用に栽培もされる。全草にリコリンなどの有害成分を含み、毒性は煮たり炒めたりして熱を加えても失われない。地下の鱗茎はラッキョウか小ぶりのタマネギに似ているため間違えて調理する可能性があるが、本種の鱗茎は茶色い皮に包まれて香りがない。誤って食べると吐き気、嘔吐、下痢などの消化器系症状を起こすが、神経麻痺などの重篤な中毒はまれである。秋に花茎だけが伸びてきて彼岸の頃に咲き、葉は花後に伸びて冬の間に青々と茂るが、春には枯れる。鱗茎は地表近くに密集し分球によりふえる。田の畦に咲き連なる光景は、里山の秋の風物詩となっているが、もともと日本の植物ではなく、古い時代に中国から渡来した史前帰化植物。日本のものは種子のできな

▲数輪の花が花茎の先に輪生する

▲シロバナマンジュシャゲの花。同属で黄花のショウキズイセンとの交雑起源とされる

▲田の畔に咲くヒガンバナ

▲冬の間に濃緑色の葉が茂る

▲鱗茎とその断面。デンプンを豊富に含む

い三倍体系統で、鱗茎の分球によってふえるので人の手で植え広めないと分布は広がらない。現在の群生は先人たちの努力のたまものである。本種は多面的に有用で、密集する鱗茎は畦や土手の地固めになり、農閑期にだけ茂る葉は雑草の発生を防ぐ上に農作業の邪魔にならず、有毒な鱗茎はネズミやモグラから畦を守り、また土葬の遺体を野生動物から守った。飢饉の際には鱗茎をすりおろし、水で毒を洗い流してデンプンを集め、救荒食となった。

有毒種

早春に出る葉は一見ニラに似る

ヒガンバナ科 ヒガンバナ属

# キツネノカミソリ

Lycoris sanguinea

狐剃刀

本州〜九州 ✦ 多年草 ✿ 8〜9月

　ヒガンバナ（p.210）と同属の在来種で、明るい広葉樹林内や林縁、草刈される谷戸田の斜面などに生える。夏に朱赤の花をつけた花茎だけが地表に現れ、冬から春にかけて葉だけが茂る。ヒガンバナと同じく有毒成分を有し、誤食すると、嘔吐、腹痛、激しい下痢などの中毒症状を起こす。鱗茎は直径2〜4cmで外皮は黒褐色で、タマネギやラッキョウ、ヤマラッキョウ（p.45）、ノビル（p.45）と間違えやすく、春に伸びる葉はスイセン同様、ニラと間違えやすい。しかし、いずれの場合にもにおいを確認すれば中毒を未然に防ぐことができる。葉は長さ30〜40cm、淡緑色の帯状で束生する。花茎は高さ30〜50cmで、長さ5〜8cmのラッパ型をした朱色の花が頂に3〜5個つき、秋に結実して種子を作る。平たい葉をカミソリに見立てて名がついた。

▲小輪の花が房になって咲く

▲越前海岸や爪木崎の群生は有名

▲春の芽出しの時期にニラと間違えやすい

ヒガンバナ科 スイセン属

# スイセン
*Narcissus tazetta*

水仙　別名 ニホンズイセン

🌱 日本各地（帰化植物）　✦ 多年草
❀ 12～4月

　暖地の海岸近くに群生し観賞用にも栽培されるが在来種ではなく、古い時代に有用植物として原産地の地中海沿岸から中国を経て渡来し、各地に野生化した。有毒成分はヒガンバナ（p.210）と共通で、鱗茎に最も多く、加熱しても毒性が残る。園芸種のラッパズイセンなども含め、鱗茎をタマネギやノビル（p.45）、葉をニラと間違えて調理して食べた中毒事故が多いが、においの確認が重要である。中毒症状は吐き気や嘔吐、下痢、昏睡、低体温などで、死亡例もある。また、茎や鱗茎の汁液により接触性皮膚炎を起こす危険がある。鱗茎は卵球形で外皮は黒い。葉は長さ20～40cm、先が円い粉緑色の帯状で、きまって途中でねじれる。花は香りがよく、副冠は直径10mmほどの黄色で杯状。日本のものは三倍体系統で結実しない。

有毒種

▲果実は液果で、鳥が食べて種子を運ぶ

#### イヌサフラン科(ユリ科) チゴユリ属

## ホウチャクソウ
*Disporum sessile*

**宝鐸草**　別名 キツネノチョウチン

🌏 本州〜九州（屋久島まで）　✿ 多年草
❀ 4〜5月

　丘陵の林内に生える。若芽に有毒成分があると一般にいわれているが、有毒成分やその含有量、中毒量は明らかではない。毒性は強くはないが、ちぎるとかすかな悪臭があるため、口に入れると吐き出してしまうという。食用となるアマドコロ（p.44）やナルコユリ、ユキザサ（p.68）、の若芽と似ているが、ホウチャクソウの茎は枝分かれし、根は白いひげ根状で太い根茎にはならず、全体に毛がない（ユキザサの若芽には毛がある）ので、間違えないように注意する。名は、花を寺院の塔やお堂の軒に釣り下げる宝鐸に見立てた。茎の高さは30〜60cmになり、上部で枝を分けた先に花を1〜3個釣り下げる。葉は互生し長さ5〜15cm、先がとがった卵状楕円形で短い柄がある。花は長さ25〜30mmの細身の釣鐘状で、淡緑白色で先が緑色を帯びる。果実は直径約1cm、球形の液果で藍黒色に熟す。

▲春先の巻いた若芽はギボウシ類に似る

▲シロバナエンレイソウも山でよく見る

### シュロソウ科(ユリ科) エンレイソウ属

# エンレイソウ

*Trillium apetalon*

### 延齢草

🐾 北海道～九州 ✦ 多年草 ❀ 4～5月

　3輪生する葉が扇風機のプロペラのよう。根茎を民間薬とし、名も薬効によるというが異説もある。一般にエンレイソウ属植物は有毒とされるが、重篤な中毒事故の報告はない。有毒成分やその含有量は明らかではなく、少なくとも強毒ではない。早春の巻いた若芽はオオバギボウシ(p.66)に似るが、巻いた葉を広げるとギボウシ類は1枚である。山の林や谷沿いに生え、太く短い根茎から茎を1本立てて高さ20～40cmになる。葉は長さ幅とも6～17cmの卵状菱形で、茎の先に3個輪生する。花は茎の先につき、緑色～褐紫色で横を向く。同属の近縁種がいくつかあり、**シロバナエンレイソウ**の花は白い。果実は両種とも直径1～2cm、3稜のある球形の液果で緑色または黒紫色に熟すと甘く食べられるが、海外の近縁種では有毒とする文献もある。

有毒種

シュロソウ科(ユリ科) バイケイソウ属

# バイケイソウ
*Veratrum oxysepalum* var. *oxysepalum*

### 梅蕙草

🌏 北海道・本州（中部地方以北）
✤ 多年草　✿ 7〜8月

　コバイケイソウと共に中毒事故の多い植物である。茎が伸びてくれば間違えにくいが、春先の若芽はオオバギボウシ（p.66）によく似ているため、誤食による中毒事故が毎年起こる。有毒成分は植物全体に含まれ、加熱調理しても毒性は消えない。誤って食べると下痢や嘔吐をもよおし、血圧降下、心拍数の減少、めまい、けいれんなどの症状に発展し、重篤化すれば死に至る。

葉の葉脈を見て、オオバギボウシは主脈から側脈が枝分かれするが、バイケイソウの葉脈は並行に走る。ギョウジャニンニク（p.69）にも似るが、本種にはニンニク臭がない。山の林床や湿った草原に生え、茎は高さ60〜150cmになる。茎葉は互生し、葉は長さ20〜30cmの長楕円形で、葉面に多数のひだがあり基部は茎を抱く。同属のシュロソウやアオヤギソウも有毒である。

▲バイケイソウの花。緑白色で直径2cm

▲バイケイソウの若い芽

▲コバイケイソウの花穂は大きく太い

シュロソウ科(ユリ科) バイケイソウ属

## コバイケイソウ
*Veratrum stamineum* var. *stamineum*

北海道・本州(中部地方以北) 多年草
6〜8月

　バイケイソウと葉や茎の特徴はほぼ同じで、同じ有毒成分をもち、芽吹きをオオバギボウシ(p.66)やギョウジャニンニク(p.69)と誤認した中毒事故が多い。山地〜亜高山の湿原に生える。

▲コバイケイソウの若い芽

サトイモ科 ミズバショウ属

## ミズバショウ
*Lysichiton camtschatcense*

水芭蕉

🎵 北海道・本州（兵庫県・中部地方以北）
✚ 多年草　❁ 5〜7月

　尾瀬など山の高層湿原を春を彩る代表的な花であるが、鋭い針状結晶をした不溶性のシュウ酸カルシウムを植物全体に含むため、誤って食べると、口腔粘膜やのどに炎症が生じ、口やのどの灼熱感、腫れ、吐き気などを起こし、汁液が皮膚につくと、かゆみや水ぶくれを生じる。ふつう花と葉が同時に現れるので誤認することはないが、花の咲かない株の若芽はオオバギボウシ（p.66）と間違える可能性がある。オオバギボウシの葉はくっきりした側脈が並行に走るのに対し、ミズバショウの葉は側脈から多数の脈が分岐する。山の湿原や林内の湿地に群生し、花は白い仏炎苞に包まれた円柱状の肉穂花序でよい香りがある。葉は長楕円形で全縁、網状脈があり、葉柄は葉身より短い。冬眠明けのクマはミズバショウを食べて宿便を出すという。

▲花弁をもたない小花が肉穂花序に並ぶ

▲湿地にできたミズバショウの群落

▲若い果序。夏の終わりに液果が熟す

有毒種

◀花が終わると葉は大きく育ち、夏には長さ80㎝、幅30㎝ほどになる。名は、この葉をバショウにたとえた

▲果序は球形。この中に液果が育つ

▲葉は夏には長さ40cmほどになる

サトイモ科 ザゼンソウ属
# ザゼンソウ
Symplocarpus renifolius

座禅草

🌿 北海道・本州　✦ 多年草　✿ 3〜5月

　山の水湿地に生え、座禅を組む僧の姿に見立てて名がついた。花の外形はミズバショウ（p.218）にそっくりなのに、ザゼンソウの仏炎苞は暗紫褐色もしくは暗緑褐色と暗く地味で、においも腐肉を思わせる悪臭である。植物全体にシュウ酸カルシウムを含むため、誤って食べれば口の中やのどに炎症が生じて吐き気などを起こし、汁液が皮膚につけばかゆみや水ぶくれを生じる。春に伸び出た葉はオオバギボウシ（p.66）に似るが、ザゼンソウの葉脈は網状脈で、多数の側脈がくっきりと並行して走るオオバギボウシとは異なる。花の悪臭から、英名はスカンクキャベジ（スカンクのキャベツ）。仏炎苞は分厚くて高さ長さ20cmほどになり、肉穂花序は長さ約2cmで丸っこい。花後に葉は大きく育ち、長い柄のある葉が根際から大きく広がる。

▲秋に熟した果序

サトイモ科 テンナンショウ属

# マムシグサ
Arisaema japonicum

　ヘビが鎌首をもたげたような仏炎苞と茎の斑模様がマムシに似ているのが名の由来。姿から想像される通りに毒草で、シュウ酸カルシウムやサポニンを全草に含み、ことにイモ（球茎）と実の毒性が強い。誤って葉や球茎を食べると口がしびれたり腫れたりし、嘔吐や腹痛を起こす。汁液が皮膚につくとかゆみや水ぶくれを生じる。集合果はトウモロコシに似て赤く熟すとよく

▲独特の形をしたウラシマソウの花

サトイモ科 テンナンショウ属

## ウラシマソウ
Arisaema thunbergii subsp. urashima

- 北海道（南部）〜九州（佐賀県）
- 多年草
- 4〜5月

　低山から海岸に生え、仏炎苞の中から釣り糸のような付属体を伸ばす。有毒。

蝮草　別名 テンナンショウ

- 本州〜九州
- 多年草
- 4〜6月

目立つが、赤く熟した果実をたった一粒、口に入れて味見しただけでも、のどや舌の灼熱感や激痛から呼吸困難が起こって重症になる場合があるので、ことに観察会の際、また子どもには注意が必要だ。林内や林縁、野原などに生え、地下の球茎から紫褐色の斑点がある偽茎を伸ばす。葉は鳥足状複葉で、草丈や仏炎苞の色は変異が大きく、近縁種も多数あるが、いずれも有毒。

有毒種

▲緑白色の仏炎苞と白い肉穂花序

### サトイモ科 クワズイモ属
# クワズイモ
*Alocasia odora*

**食わず芋**

🎵 四国・九州・沖縄　✦ 常緑多年草
✿ 4〜8月

　暖温帯から亜熱帯の常緑樹林内や林縁に生え、全体の高さは1m以上になる。サトイモに似ているが有毒で食用にならないのでこの名がある。有毒なシュウ酸カルシウムを含み、サトイモやハスイモと間違えてイモ（球茎）や葉柄を食べたことによる中毒例が分布範囲内で数多く発生している。えぐみが強いのでふつう口に入れた直後に吐き出すが、それでも唇の腫れやしびれなどを生じ、嘔吐、下痢、麻痺などを起こして重症化する場合もある。また汁液で皮膚がかぶれ、目に入ると失明することもある。茎は太く地上を這い、長さ60〜120cmの葉柄の先に長さ60cmほどで縁に波状の鋸歯がある葉身を広げる。最近は観葉植物としてアロカシアともよばれて関東地方などでも栽培されることがあるが、食用のイモ類と混同しないよう注意を要する。

▲花は白から黄に変化するので金銀木 　　▲果実は2個くっついて瓢箪形

スイカズラ科 スイカズラ属

# キンギンボク

*Lonicera morrowii*

金銀木　別名 ヒョウタンボク

北海道（南西部）・本州（東北地方と日本海側）　落葉低木　4〜6月

有毒種

　2個の果実がくっついて熟すので、ヒョウタンボクともよぶ。藪や林縁に生える低木で、果実は赤く熟しておいしそうに見えるが、昔から毒をもつといわれている。同じスイカズラ科でも甘くおいしく食べられるウグイスカグラ（p.106）の果実は1個ずつ垂れて熟す。近縁種も含め、本属の赤い実は子どもの注意を引くので気をつけたい。枝は細かく枝分かれして高さ1〜2mになる。若い枝や葉には軟毛が密生する。葉は対生し葉身は長さ2〜5cmの楕円形で全縁。枝先に、はじめ白色で、後に黄色に変化する花を2個ずつつけ、2個の果実は基部が癒合して瓢箪形になる。果実はおのおの直径6〜8mmで、赤く熟す。庭木や生け垣として国内外で植栽され、アメリカ合衆国東部では野外に逸出して侵略的外来種となっている。

キョウチクトウ科 キョウチクトウ属
# キョウチクトウ
Nerium oleander var. indicum

夾竹桃

🌿 日本各地（栽培種）　✦ 常緑小高木
✿ 6〜9月

　夏の美しい花と3輪生する常緑の葉が特徴のインド原産の園芸植物。公害に強いので公園や道路沿いに広く植栽され、一部は野生状態になっている。しかし葉や枝や汁液に強心配糖体の強毒を含み、経口摂取すると腹痛、嘔吐、下痢、心室細動を経て死亡する危険がある。山菜に間違えることはまずないが、枝を折るとにじみ出る汁液が口や目に入ると危険である。枝をバーベキューの焼き串にして死亡した例や、箸代わりに使って中毒した例があるという。野山や公園で、本種のまっすぐな枝を箸や串の代わりに使ってはいけない。幹は株立ちし、高さ5mほどになる。葉は3輪生し、葉身は長さ6〜20cm、狭長楕円形で全縁、革質で厚く無毛。夏に集散花序を出し、紅や白の花をつける。花冠は直径4〜5cmほどで5裂する。八重咲きの品種もある。

▲キョウチクトウの果実。結実率は低い

▲ピンクの八重や白の一重咲きをよく見る

◀テイカカズラの花

▲樹上に花を咲かせたテイカカズラ

▲テイカカズラの幼植物

キョウチクトウ科 テイカカズラ属

## テイカカズラ
*Trachelospermum asiaticum* var. *asiaticum*

本州〜九州　常緑つる性木本
5〜6月

有毒種

　キョウチクトウ科のつる植物で、暖地の林の木々によく登っている。花も光沢のある葉も美しく、カバープラントにしたり塀やフェンスに栽培することもある。強心配糖体を含み全体が有毒。花は直径2〜3cmで芳香があるが、ジャスミンと混同してお茶などに入れると中毒する危険がある。

ツツジ科 ツツジ属

# レンゲツツジ
*Rhododendron molle* subsp. *japonicum*

蓮華躑躅

🐾 本州〜九州 ✤ 落葉低木 ✿ 5〜7月

　高さ1〜2mほどのツツジ科の落葉低木で、日当たりのよい高原や山頂の草原に群生し、初夏を鮮やかに彩る。花の色は朱赤色から黄色で、園芸樹としても植えられる。全体にグラヤノトキシンとよばれる神経に作用する強毒を含み、誤って食べると、くしゃみや鼻水、嘔吐、四肢の麻痺、けいれん、呼吸麻痺を起こして重篤化する危険がある。高原の放牧地に多いのは、家畜もこれを食べないからである。花がぐるっと輪生するさまをハスの花（蓮華）に見立てて名がついた。葉は互生し、葉身は倒被針状長楕円形で長さ4〜8cm、表面にはしわがよってやわらかく、両面に粗い剛毛が生える。初夏から梅雨時にかけて開花する。花は2〜8個が枝先に輪生し、直径5〜6cmの漏斗形。花にも花の蜜にも毒があるといい、花を食べたりしてはいけない。

▲花は茎の頂に数個が輪生する

▲レンゲツツジの若葉はやわらかいが、強い毒をもっている。家畜もこれを食べない

▲山頂の草原を朱赤に染めて咲く

有毒種

◀▲同じツツジ科のシャクナゲ類もグラヤノトキシンを含み有毒である。常緑の葉は厚く大きく縁が裏に反って、ビワ（p.175）の葉に似るため、誤って山で採った**ハクサンシャクナゲ**の葉で作ったお茶を飲み入院した中毒例がある。上はハクサンシャクナゲ、左は園芸種

227

▲蕾は前年のうちに作られる

▲ハナヒリノキはツツジ科の落葉低木で全体が有毒。昔は葉の粉末を殺虫剤にしたが、誤って吸い込むと中毒症状のくしゃみが出るのが名の由来

ツツジ科 アセビ属

## アセビ

Pieris japonica subsp. japonica

馬酔木　別名 アセボ・アシビ

- 本州（山形県・宮城県以南）〜九州
- 常緑低木〜小高木　2〜5月

　山の尾根筋や傾斜地などに生え、観賞用に庭にも植える。毒はレンゲツツジ（p.226）やシャクナゲ類（p.227）と共通する成分で、植物体全てに含まれ、誤食すると腹痛、下痢、嘔吐、血圧低下、神経麻痺、呼吸困難などを起こし重症化することもある。蜜にも毒成分がある。昔は葉を煎じて駆虫剤や殺虫剤に使った。馬が葉を食べると体が麻痺し、酔ったようになることが「馬酔木」の由来。シカも食べないので奈良公園には本種が多い。常緑でよく枝を分け、高さ1.5〜4mになる。葉は枝先に集まり、長さ3〜6㎜、葉身は長さ3〜9㎝の長楕円形〜倒披針状長楕円形で、革質で厚みと光沢があり波打つ。春早くに円錐花序を釣り下げ、多数の白い釣鐘型の花を下向きにつける。花は長さ6〜7㎜で、先が浅く5裂する。

▲道端の若木。空き地に真っ先に芽を出す

▲花期。白い小花が円錐花序に咲く

▲紅葉した葉。葉の軸には翼がある

ウルシ科 ウルシ属

# ヌルデ

*Rhus javanica* var. *chinensis*

白膠木　別名 フシノキ

北海道〜九州　✦ 落葉小高木
✿ 8〜9月

　ウルシ科の多くの植物はウルシオールとよばれる化学成分を含み、これが塗料としての漆の原料となる一方で、人体には有毒成分として働き、樹液が皮膚につくとかぶれて発疹や紅斑やただれなどの皮膚炎を起こす。ヌルデは日本のウルシ科植物の中では比較的かぶれにくいといわれるが、過去にウルシかぶれの履歴があったり皮膚の弱い人は、葉に触ったり枝を折ったりすることは避けたほうがよい。山野の空き地や道端に生え、高さは4〜6mになる。葉は長さ20〜40cmの奇数羽状複葉で、小葉9〜13枚からなり、葉柄や葉裏や若枝には軟毛が多い。特徴的なのは葉軸に翼があることで、これがあればヌルデとわかる。樹脂は染料、虫こぶから採れるタンニンはお歯黒や薬、果実の表面に吹く粉は塩に似た味で、昔は塩の代用とされた。

有毒種

▲花期。若枝や葉柄は赤い

▲春の若芽は山菜と間違えやすい

▲葉は放射状に出る。若木の葉は鋸歯縁

ウルシ科 ウルシ属

# ヤマウルシ
Toxicodendron trichocarpum

山漆　別名 ウルシ

🌱 北海道〜九州・南千島　✦ 落葉小高木
✿ 5〜6月

　漆を採る用途で栽培されるのは中国原産のウルシであり、里山に野生化していることがある。ヤマウルシはウルシに近い種類で、山の明るい落葉樹林内や林縁に生える。樹液に漆の成分であるウルシオールを含み、皮膚につくと一、二日後に発疹や水疱が出て、遅れて顔や体の全体に広がる。木を燃やした煙や木に近づくだけでかぶれる人もいる。樹液ははじめ白色、後に黒紫色に変色する。樹高は5〜8mになり、樹皮は灰白色で縦長の皮目が目立つ。葉は枝先に集まって互生し、長さ25〜40cmの奇数羽状複葉で小葉7〜15枚からなる。葉柄は赤い。小葉は長さ4〜15cm、先がとがった卵形〜卵状広楕円形で、全縁か1〜2個の歯牙がある。幼木の葉には大きな鋸歯がある。雌雄異株。秋には真っ赤に紅葉するが、落ち葉を拾わないようにする。

▲花期の雄花。雌株は花数が少ない

▲地を這う幼植物の葉は鋸歯が目立つ

ウルシ科 ウルシ属

# ツタウルシ

*Toxicodendron radicans* subsp. *orientale*

蔦漆

北海道〜九州　✦ 落葉つる性木本
5〜6月

有毒種

　ウルシの仲間だがつる性で、枝から気根を出してほかの樹木の幹や岩をよじ登る。樹液に漆原料であるウルシオールのほかラッカー原料のラッコールも含み、日本のウルシ科植物では最も毒性が強い。葉や樹液に触れた直後には何ともないが、一、二日後に症状が出て、顔や首、手、外陰部などに痒みの強い紅斑を生じる。そばに近寄っただけでかぶれる人もいる。秋には紅葉が美しいが、色づいた落ち葉を拾わないようにする。木の幹をつたう美しい紅葉はブドウ科のツタと混同しやすいが、ツタウルシの葉は3小葉からなる複葉で、葉柄には褐色の毛があり赤みがかる。成木の小葉は全縁。地面を這う幼木の葉には粗い鋸歯があり、ツタの若木と似る。雌雄異株で、初夏に黄緑色の小さな花をつけ、果実は直径5mmの扁球形で黄褐色に熟す。

▲雄株の花期。花は黄緑色で大きな円錐花序に咲く

▲春の若芽。タラノキ（p.77）と間違えやすい

ウルシ科 ウルシ属

# ハゼノキ

*Toxicodendron succedaneum*

黄櫨　別名 ハゼ・リュウキュウハゼ・ロウノキ

本州（関東地方南部以西）〜九州・沖縄
落葉高木　5〜6月

　都市にも多いウルシ科の仲間で、秋には紅葉が美しい。暖地の野山に自生し、昔は果実からロウを採取するため、現在は観賞用に植えられる。高さ6〜10mになる落葉樹で、樹液に有毒成分ウルシオールを含み、葉に触ったり汁液が皮膚についたりするとヤマウルシやツタウルシと同様にかぶれる。樹皮は灰白色で縦長の皮目があり、老木では縦に裂け目が入る。枝ぶりは粗く、葉は枝先に集まってつく。葉は長さ20〜40cmの奇数羽状複葉で、小葉9〜15枚からなり葉柄に毛はなく、小葉は長さ5〜12cm、先が長くとがった披針状長楕円形で、全縁、両面とも無毛で裏面は粉白色。雌雄異株で、雌株には直径9〜13mm、扁球形の果実が密な穂になって垂れ下がり、光沢のある黄白色に熟す。果皮にはロウが含まれ、かつてはロウソクの原料とされた。

▲上を向く新芽と雌花序。下方は雄花序

▲赤い未熟果と黒い熟果が入り混じる

ドクウツギ科 ドクウツギ属

# ドクウツギ

*Coriaria japonica*

毒空木

- 北海道・本州（近畿地方以北）
- 落葉低木 ✿ 4〜5月

日本三大有毒植物の一つ。山や丘陵の崩壊地や河畔に生え、高さ約1.5m、根粒菌と共生し荒れ地によく育つ。樹形はウツギに似る。植物全体、特に未熟果は猛毒だが、葉も生葉24gが致死量なので新芽を山菜と誤ると危険。誤食すると、嘔吐、よだれ、全身硬直、激しいけいれん、呼吸麻痺などが起き、死亡率が高い。枝は四角く褐色で1mほどに伸びる。枝の左右に30〜36個の葉が対生するので羽状複葉に見える。葉は長さ6〜8cm、先が長くとがった卵形で全縁、両面無毛。果実は液状だが、5枚の花弁が肥大して5粒のかたい種子を丸く包んだものなので5稜があり、直径1cm。未熟時は赤く、熟すと黒紫色でジューシーなので、子どもの死亡例が昔は多数あった。花は地味な風媒花で、赤い雌しべをつけた雌花穂と葯を垂らした雄花穂をつける。

有毒種

▲果期のツヅラフジ。果実は房になる

◀果期のアオツヅラフジ。葉は卵形から細長いハート型もしくは耳状に張り出して両面に毛があり、果実は丸く、種子はアンモナイトの形に似る

▼花期のツヅラフジ

ツヅラフジ科 ツヅラフジ属

# ツヅラフジ
*Sinomenium acutum* var. *acutum*

山の林や林縁に生え、他の木につるを巻きつけて葉を茂らす。茎や根茎の乾燥品は生薬の防已として漢方薬に使われるが、全株有毒で、誤食すれば血圧降下、けいれん、中枢神経麻痺などを起こす。果実はエビヅル（p.165）やヤマブドウ（p.166）に似るが、つるに巻きひげはなく、果実を潰すと貝のような形の種子が一つ現れる。つるは長さ10mほどに伸びて直径3cmになる。葉は互生して長い柄があり、幅広のハート形から多角形、5〜7裂するものまで変化に富み、裏は白っぽい。雌雄異株で、花は長い円錐花序に咲くが、雌雄とも小さく地味な淡緑色で目立たない。果実は直径6〜7㎜、ゆがんだ球形で白粉を帯びて青黒く熟す。「つづら」とはつるの意味で、昔はこのつるでつづらを編んだ。同属のハスノハカズラやコウモリカズラも有毒である。

ツヅラフジ科 アオツヅラフジ属

## アオツヅラフジ
*Cocculus orbiculatus*

- 北海道（渡島半島）〜九州・沖縄
- 落葉つる性木本　7〜8月

山の林縁や道ばた、街のフェンスなどに多い。アオツヅラフジも全体が有毒。

**葛藤**　別名 オオツヅラフジ

- 本州（関東地方南部以西）〜九州・沖縄
- 落葉つる性木本　7月

▲春に咲く花はロウのような質感で美しい

▲若い果実。集合果で16本の線状がある

▲割れた果皮。香辛料の八角に似るが猛毒

マツブサ科(シキミ科) シキミ属

# シキミ

*Illicium anisatum* var. *anisatum*

樒・櫁・梻

本州(東北地方南部以南)〜九州・沖縄
常緑小高木　3〜4月

暖地の林に生える常緑樹。仏事と縁が深く、枝を仏前に供え、寺院や墓地に植える。植物全体に芳香成分と有毒成分を含み、特に果皮は裂けた形が香辛料の八角（近縁種のトウシキミの果皮でスターアニス、大茴香ともよぶ）と酷似するため誤食例が多い。中毒症状は、嘔吐、下痢、めまい、血圧上昇、てんかん性の全身けいれん、意識障害、呼吸麻痺などで死亡例もある。枝葉をちぎると芳香があり、粉末を抹香や線香に使う。樹高は2〜5mで樹皮は黒灰褐色、若枝は緑色。葉は互生して長さ4〜12cm、全縁で厚く光沢がある。花は葉の基部に付き、淡黄色で直径約2.5cm、花被片は10〜20枚で透明感がある。果実は直径2〜3cm、袋果が8個集まった集合果で放射状に筋があり、熟すと8つに割れて星形になり、それぞれ裂けて種子を飛ばす。

有毒種

## Column
# 有毒な園芸植物

私たちに身近な庭の花にも有毒植物は少なくない。ここでは、特に毒性の高いもの、中毒例が多いもの、注意すべきものを挙げておく。

文・多田多恵子

### ゲルセミウム属
### カロライナジャスミン(ゲルセミウム)
*Gelsemium sempervirens*

マチン科のつる性常緑樹。花は黄色で芳香があるが有毒。モクセイ科のジャスミンの仲間と誤認してお茶に使い、中毒した例がある。

### グロリオサ属
### グロリオサ（ユリグルマ・ツルユリ）
*Gloriosa superba*

イヌサフラン科（ユリ科）の多年草。全草が猛毒。地下部の形がヤマノイモ（p.138）に似るため、誤食による中毒が多く死亡例もある。

大きな総状花序と掌状複葉が特徴のマメ科の多年草。クララ（p.199）と同じ有毒成分を全草、特に種子に含む。家畜の中毒例が多い。

### ルピナス属
### ルピナス
*Lupinus polyphyllus*

ナギイカダ科（ユリ科）の常緑多年草。暖地の林に生え、観賞用に栽培されるが、全草、特に根茎が有毒で、誤食すれば生命に関わる。

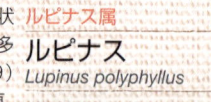

### オモト属
### オモト
*Rohdea japonica*

### ジギタリス属
### キツネノテブクロ
（ジギタリス）
*Digitalis purpurea*

オオバコ科（ゴマノハグサ科）の多年草。全草、特に葉は猛毒。若葉をコンフリーと誤食して中毒する例があり、重症では死亡する。

### ヒレハリソウ属
### ヒレハリソウ
（コンフリー）
*Symphytum officinale*

ムラサキ科の多年草。健康野菜とされてきたが、有毒物質を含み、長期に過剰摂取すると肝障害を起こす。加熱しても毒性は残る。

### アジサイ属
### アジサイ
*Hydrangea macrophylla* f. *macrophylla*

▲アジサイ科（ユキノシタ科）の落葉低木。料理に添えられた葉を食べて嘔吐など中毒症状が生じた例がある。有毒成分の詳細は不明。

### カルミア属
### カルミア（アメリカシャクナゲ）
*Kalmia latifolia*

ツツジ科の常緑低木。レンゲツツジ（p.226）やシャクナゲ類（p.227）と共通の有毒成分を植物全体に含み、誤食すれば命の危険がある。

### キンポウゲ科 クリスマスローズ属
### クリスマスローズ
*Helleborus niger*

ヨーロッパ原産。キンポウゲ科の常緑多年草で、冬から春に長く咲く。全種類、全体が有毒で、特に地下茎は毒が強い。

有毒種

# 里山の山菜と木の実を楽しむ

里山は人に身近な自然です。気楽に歩けて、意外に自然が豊かです。春夏秋冬、楽しめますが、収穫の楽しさは格別です。

## 採る楽しみ

### 春の山菜

芽吹きの季節。萌え出たばかりの若芽には、生命が凝縮されています。

食べ物の出盛りを「旬」といい、旬の山菜は味も香りも鮮烈です。野山の恵みに感謝して食べる分だけ摘みましょう。一株の全部は採らずに残しましょう。

季節はたちまち移ろいます。若すぎたり伸びすぎたりしたものは採らずに残しましょう。後に来る人のため、来年のため、そして自然を守ることになるからです。

### 夏の摘み菜とベリー

田畑の周りや野原では、スベリヒユなど雑草たちが元気です。農薬や衛生に注意し、農家の迷惑にならない場所で摘みましょう。藪陰にはキイチゴやクワなども実ります。

この時期は植物が大きく育つので、種類の識別が容易です。山菜や木の実に利用する植物を見つけるチャンスです。調べて覚えて、採取期の到来を待ちましょう。

### 秋の木の実と保存食

　実りの季節。袋や籠を手に、野山に出ましょう。木の実を拾ったり殻を割ったりしていると、なんだか気分は縄文人。たくさん採れたらひと手間かけて、保存食作りに挑戦です。ジャムや果実酒、シロップ漬け……。年を経るほど果実酒は濃く熟成します。山菜も冷凍したり塩漬けや佃煮にしておけば、冬の間も楽しめます。

ヤマモモ

## 食の楽しみ

### 一時保存

　山菜は、採ってすぐ食べるのが一番。時間が経つとかたくなり色や味もおちます。一時保存するには、水で洗ってゴミを除いてから、濡らした新聞紙で包み、ビニール袋に入れて冷蔵庫に保管します。ワラビやタケノコは下処理してから保存。木の実もなるべく早く処理しましょう。

タケノコの丸焼き

### 料理と盛りつけ

　さあ、料理にかかりましょう。本書で紹介した料理法を参考に、香りや感触を楽しみながら、おいしく仕上げてください。素材を生かし、味つけは薄めに。天ぷらは塩で食べるのが基本です。

クズとヒメウコギの天ぷら

　土地により料理も異なります。受け継がれてきた食文化は、大切に伝えていきたいものです。

　目に楽しいと料理はさらにおいしくなります。彩り野菜を加えたり、薬味を散らしたり。盛りつけの際に、葉を敷いたり花を添えたりすると、わぁ、料亭の御膳料理⁉

　素材の個性を引き出すオリジナル料理にもチャレンジしてみてください。サラダやスープ、パスタ、ビー

ルやワインのつまみ、ケーキ、クッキーなど、現代の食卓に合ったレシピをぜひ工夫してくださいね。

では、どうぞ、めしあがれ！

スダジイ

ボケの果実のジャム

## 🌿 山菜や木の実を楽しむルール

豊かな里山は、人々の努力により保たれています。訪ねるときは、農家の方や守ってくれている方への感謝と配慮を忘れずに、失礼のないようにしましょう。

里山にはたくさんの動植物も生きています。彼らがこれからも同じ場所で生きていけるように、踏みつけたり荒らしたりしないでくださいね。

長野県茅野市の里山風景

⚠️ 以下のことに気をつけましょう
- 田んぼや畑に勝手に入らない。
- ゴミは持ち帰る。
- 焚き火はしない。
- 里山に住む動植物に気遣いを。
- スズメバチやマムシ、ヤマビル、マダニなど、危険な生物に注意して安全に（長袖長ズボンに帽子を着用し、軍手も忘れずに。ダニやヒルの多い場所では首にタオルを巻く）。
- 山で道に迷わないように。地図などを持参。
- 採取はほどほどに。全部は採らずに残しておく。
- 採取はていねいに。剪定バサミや小刀、小鎌を使用し、枝を折ったり倒したりしない。
- 多量に食べない。自信がないときは絶対に食べない。
- おすそ分けはしない（中毒事故を広げないため）。

サルナシ

山菜と木の実を楽しんでくださいね！

文・写真　多田多恵子

# 植物の主なつくりと各部の名称

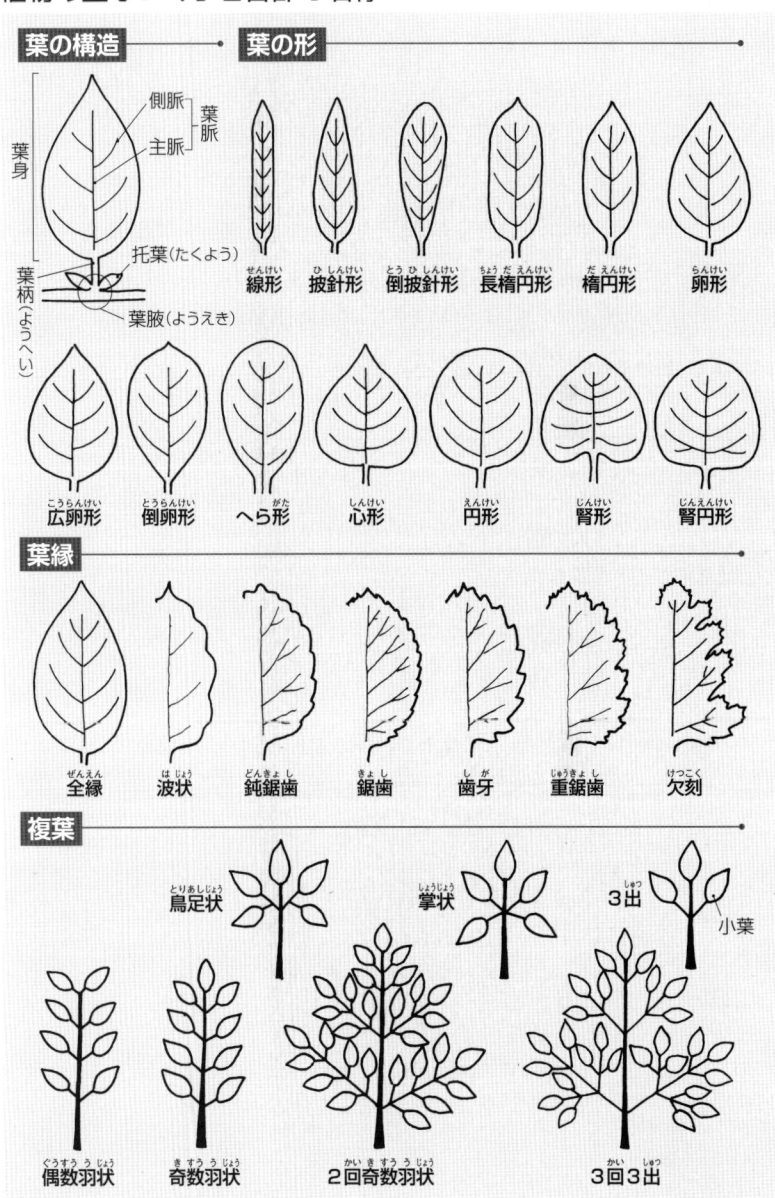

## 葉の構造

葉身 / 葉脈（側脈・主脈）/ 托葉(たくよう) / 葉柄(ようへい) / 葉腋(ようえき)

## 葉の形

線形 / 披針形(ひしんけい) / 倒披針形(とうひしんけい) / 長楕円形(ちょうだえんけい) / 楕円形(だえんけい) / 卵形(らんけい)

広卵形(こうらんけい) / 倒卵形(とうらんけい) / へら形(がた) / 心形(しんけい) / 円形(えんけい) / 腎形(じんけい) / 腎円形(じんえんけい)

## 葉縁

全縁(ぜんえん) / 波状(はじょう) / 鈍鋸歯(どんきょし) / 鋸歯(きょし) / 歯牙(しが) / 重鋸歯(じゅうきょし) / 欠刻(けつこく)

## 複葉

鳥足状(とりあしじょう) / 掌状(しょうじょう) / 3出(しゅつ) — 小葉

偶数羽状(ぐうすううじょう) / 奇数羽状(きすううじょう) / 2回奇数羽状(かいきすううじょう) / 3回3出(かいしゅつ)

## 葉のつき方

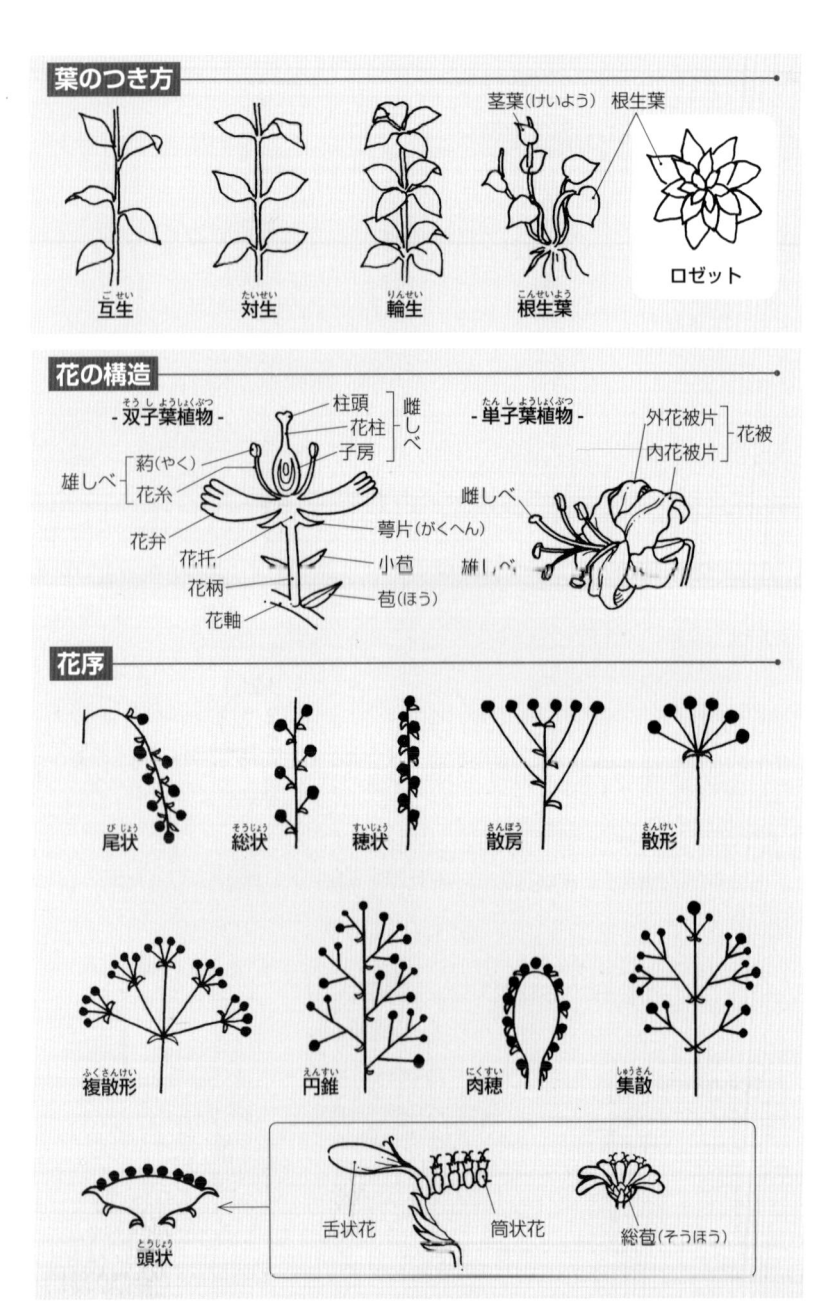

互生 | 対生 | 輪生 | 根生葉（茎葉（けいよう）／根生葉）| ロゼット

## 花の構造

- 双子葉植物 -
- 雌しべ：柱頭／花柱／子房
- 雄しべ：葯（やく）／花糸
- 花弁
- 萼片（がくへん）
- 花托
- 花柄
- 花軸
- 小苞
- 苞（ほう）

- 単子葉植物 -
- 花被：外花被片／内花被片
- 雌しべ
- 雄しべ

## 花序

尾状 | 総状（そうじょう）| 穂状（すいじょう）| 散房（さんぼう）| 散形（さんけい）

複散形（ふくさんけい）| 円錐（えんすい）| 肉穂（にくすい）| 集散（しゅうさん）

頭状（とうじょう）― 舌状花（ぜつじょうか）／筒状花（とうじょうか）／総苞（そうほう）

## 花の形

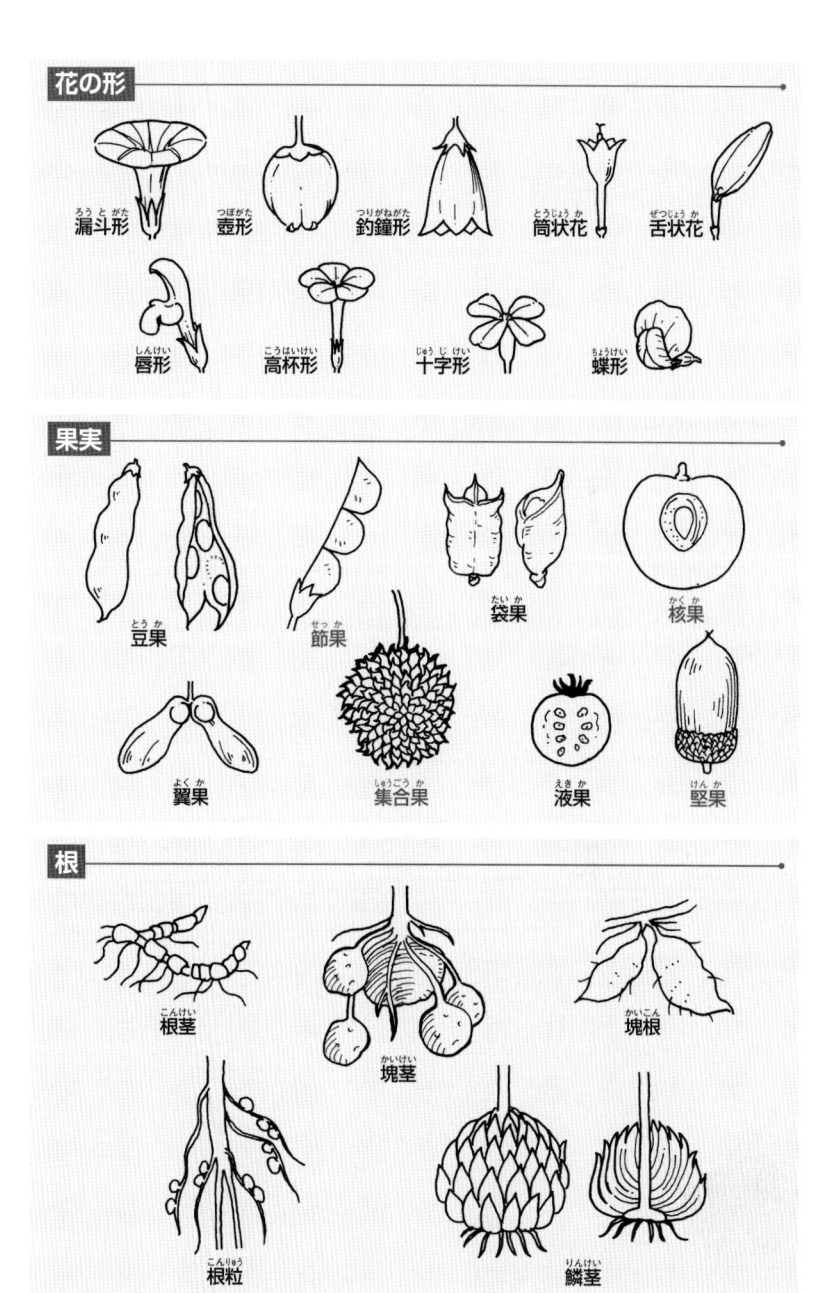

漏斗形（ろうとがた） 壺形（つぼがた） 釣鐘形（つりがねがた） 筒状花（とうじょうか） 舌状花（ぜつじょうか）

唇形（しんけい） 高杯形（こうはいけい） 十字形（じゅうじけい） 蝶形（ちょうけい）

## 果実

豆果（とうか） 節果（せっか） 袋果（たいか） 核果（かくか）

翼果（よくか） 集合果（しゅうごうか） 液果（えきか） 堅果（けんか）

## 根

根茎（こんけい） 塊茎（かいけい） 塊根（かいこん）

根粒（こんりゅう） 鱗茎（りんけい）

# 主な用語解説

**アルカロイド**　タンパク質や核酸以外の含窒素天然有機物の総称。多くは強毒だが、医薬や麻薬にもなる。ニコチン、アトロピン、ソラニン、カフェインなど。

**一年草**　生育に適さない季節を種子で過ごし、発芽から結実・枯死までの全過程を1年以内で終える植物。

**液果**　果実の種類で、果肉が多肉質または汁質で水分が多く、裂開しないもの。

**越年草**　一年草のうち、夏から秋に芽生え、翌年に開花・結実し枯れるもの。冬一年草ともいう。

**エライオソーム**　種子の多肉質の付属物でアリを誘引する化学成分を含む。

**核果**　果実の種類で、液果のうち種子が木質化した内果皮に包まれてかたい核となったもの。動物に食べられても破壊されないための構造。ウメ、サクラなど。

**殻斗**　俗にドングリのお椀、帽子といわれる部分で、多数の総苞が合着し、堅果を囲んで杯状または袋状になったもの。

**仮種皮**　親植物に由来する組織が種子を包んで果肉状に分厚く発達したもの。

**花嚢**　花序軸が多肉化して壺状になり、その内側に小花が多数並ぶもので、一見、実のように見える。イヌビワ属に独特で、イチジク状花序、隠頭花序ともいう。

**果嚢**　花嚢が育って実になったもの。

**帰化植物**　海外から人為的に移入された外来種のうち、野外に広く定着したもの。

**偽茎**　地下茎から伸びた葉の葉鞘の部分が同心円状に重なって、あたかも太い茎のように見えるもの。バショウなど。

**気根**　地上の茎から空中に出る根。支柱根、付着根、吸水根などに分けられる。

**距**　花の一部が、筒状または袋状に伸びた構造で蜜をためる。

**強心配糖体**　ステロイドと糖が結合した形の化学物質で、心筋の収縮作用を増大させる作用がある。植物の毒成分の一つ。

**クマリン**　植物の芳香成分で、桜餅の甘い香りはこれ。生葉中では糖と結合した形で存在し香らないが、半乾きや塩漬けにすると分解されてクマリンが生じる。

**クモ毛**　細くて長いやわらかな毛が縦横に重なる表面構造。クモの巣にたとえた。

**堅果**　果実の種類で、果皮が木質でかたく、中に1個の種子があり、熟しても裂開しない。ドングリ類やクルミなど。

**広葉樹**　扁平で幅広い葉をもつ樹木。被子植物の双子葉類に属する樹木の総称。

**蒴果**　果実の種類で、数室の部屋があって、裂けて種子を出すもの。

**サポニン**　発泡性をもつ天然成分の総称。界面活性作用があり、薬用や洗剤に使われる一方で有毒なものもある。

**三倍体**　染色体のセットを3組もつ個体。有性生殖を行わず、無配生殖や栄養繁殖を行う。

**史前帰化植物** 有史以前に侵入・帰化したと推定される植物。

**雌雄異株** 雌株と雄株があるもの。雄花と雌花が別個体に分かれる性質。

**集合果** 果実の種類で、多数の実が密に集合して一体化した構造になるもの。

**シュウ酸** 酸の一種。動物の体内で不溶性の結晶を生じ、結石の原因となる。

**シュウ酸カルシウム** シュウ酸とカルシウムの結合物。不溶性の針状結晶になる。植物のえぐみ成分の一つで、食べると口腔粘膜や皮膚が刺激され、イガイガ感、痒み、のどの炎症、皮膚炎が生じる。

**雌雄同株** 一個体の中に雄花と雌花をつける性質。

**照葉樹** 東アジアの温帯モンスーン気候帯の常緑広葉樹のうち、葉のクチクラ層が厚く光沢があり、冬芽に保護鱗片をもつもの。

**常緑樹** 落葉樹に対し、1年を通して常に葉がついている樹木。葉の寿命は種により、数か月から数年におよぶ。

**針葉樹** 広葉樹の対語で、針状の葉をもつ裸子植物。

**青酸配糖体** 青酸に糖が結合したもので、それ自体は無毒だが、動物が食べて胃で分解されると有毒な青酸が生じる。

**痩果** 果実の種類で、薄い果皮が種皮に密着し、外見上は種子のように見える。

**走出枝** 地表を長く伸びて先端に子苗を作る枝。ストロン、ランナーともいう。

**多年草** 生育期間が満2年以上にわたる草本植物。常緑性と夏緑性がある。

**担根体** 茎と根、両方に共通の性質をもつが、そのどちらでもない器官。一部のシダ植物およびヤマノイモ科に見られる。

**虫癭** 植物の組織が昆虫やダニの寄生により異常な発育を遂げたもの。虫こぶ。

**特定外来生物** 外来生物法で指定された、生態系等に重大な被害を与える外来生物。栽培や飼育、生きた個体や種子の運搬、野外に放つことなどが禁止される。

**二年草** 発芽後1年以上2年以内に開花・結実・枯死する植物。幼植物は通常ロゼット状。栄養条件で幼植物の期間がのびる場合は、可変的二年草ともよぶ。

**芒** イネ科の種子にみられる細くとがった糸状の付属物。用例：芒状の鋸歯。

**杯状花序** トウダイグサ科特有の花序で、雌花1個と複数の雄花が苞葉でできた杯状体につき、周囲を腺体がとりまく。

**閉鎖花** 花被を開かないまま、蕾の中で同花受粉を行い実を結ぶ花のこと。確実に種子を作るが近親交配となる。

**油点** 葉などにある透明または有色の小点。精油を袋状の細胞間隙にためた組織。

**要注意外来生物** 外来生物法の規制がかかる特定外来生物ではないが、生態系や人の生命、農業におよぼす悪影響が大きく、取扱いの注意や駆除が必要な生物種。

**落葉樹** 1年以内に葉の寿命が尽き、一定期間、葉を落として休眠する樹木。

**両性花** 雄しべと雌しべをもつ花。

# 植物名索引

本書で使用する植物名を五十音順に配列しています。
別名は細字で記載しました。〈 〉に入れて細字で表記した植物名は、写真と簡略な解説を付記した植物です。

## 【ア行】

アイコ・・・・・・・・・・・・・・・・・・・・・・・ 64
アイヌネギ・・・・・・・・・・・・・・・・・・・ 69
**アオツヅラフジ**・・・・・・・・・・・・・・・ 234
**アカザ**・・・・・・・・・・・・・・・・・・・・・・・ 94
アカミズ・・・・・・・・・・・・・・・・・・・・・ 102
**アキグミ**・・・・・・・・・・・・・・・・・・・・・ 159
〈アキタブキ〉・・・・・・・・・・・・・・・・・ 21
**アキノノゲシ**・・・・・・・・・・・・・・・・・ 27
**アケビ**・・・・・・・・・・・・・・・・・・・・・・・ 168
アケビカズラ・・・・・・・・・・・・・・・・・ 168
**アサツキ**・・・・・・・・・・・・・・・・・・・・・ 186
**アジサイ**・・・・・・・・・・・・・・・・・・・・・ 237
**アシタバ**・・・・・・・・・・・・・・・・・・・・・ 178
アシビ・・・・・・・・・・・・・・・・・・・・・・・ 228
アズキナ（ナンテンハギ）・・・・・・・・ 42
アズキナ（ユキザサ）・・・・・・・・・・・ 68
**アセビ**・・・・・・・・・・・・・・・・・・・・・・・ 228
アセボ・・・・・・・・・・・・・・・・・・・・・・・ 228
**アマチャ**・・・・・・・・・・・・・・・・・・・・・ 126
**アマチャヅル**・・・・・・・・・・・・・・・・・ 126
**アマドコロ**・・・・・・・・・・・・・・・・・・・ 44
〈アメリカイヌホオズキ〉・・・・・・・・ 194
アメリカイモ・・・・・・・・・・・・・・・・・ 130
アメリカシャクナゲ・・・・・・・・・・・ 237
アメリカヤマゴボウ・・・・・・・・・・・ 196
アララギ・・・・・・・・・・・・・・・・・・・・・ 172
**アンズ**・・・・・・・・・・・・・・・・・・・・・・・ 175
イズイ・・・・・・・・・・・・・・・・・・・・・・・ 44
イタジイ・・・・・・・・・・・・・・・・・・・・・ 155
**イタドリ**・・・・・・・・・・・・・・・・・・・・・ 33
イタビ・・・・・・・・・・・・・・・・・・・・・・・ 156
**イチイ**・・・・・・・・・・・・・・・・・・・・・・・ 172
**イチョウ**・・・・・・・・・・・・・・・・・・・・・ 171
イトネギ・・・・・・・・・・・・・・・・・・・・・ 186
〈イヌガヤ〉・・・・・・・・・・・・・・・・・・・ 173
〈イヌキクイモ〉・・・・・・・・・・・・・・・ 131
〈イヌコハコベ〉・・・・・・・・・・・・・・・ 31
**イヌビユ**・・・・・・・・・・・・・・・・・・・・・ 93
**イヌビワ**・・・・・・・・・・・・・・・・・・・・・ 156
**イヌホオズキ**・・・・・・・・・・・・・・・・・ 194
**イヌマキ**・・・・・・・・・・・・・・・・・・・・・ 172
**イノコヅチ**・・・・・・・・・・・・・・・・・・・ 92
イワブキ・・・・・・・・・・・・・・・・・・・・・ 104
**ウグイスカグラ**・・・・・・・・・・・・・・・ 106
ウグイスノキ・・・・・・・・・・・・・・・・・ 106
**ウシハコベ**・・・・・・・・・・・・・・・・・・・ 31
**ウスノキ**・・・・・・・・・・・・・・・・・・・・・ 110
**ウド**・・・・・・・・・・・・・・・・・・・・・・・・・ 56
ウドモドキ・・・・・・・・・・・・・・・・・・・ 77
**ウマノアシガタ**・・・・・・・・・・・・・・・ 200
**ウメ**・・・・・・・・・・・・・・・・・・・・・・・・・ 175
**ウラシマソウ**・・・・・・・・・・・・・・・・・ 221
**ウラジロガシ**・・・・・・・・・・・・・・・・・ 127
ウルイ・・・・・・・・・・・・・・・・・・・・・・・ 66
ウルシ・・・・・・・・・・・・・・・・・・・・・・・ 230

| | |
|---|---|
| **ウワバミソウ** | 102 |
| **ウワミズザクラ** | 120 |
| **エゾネギ** | 187 |
| エチゴザサ | 85 |
| **エノキ** | 157 |
| エビカズラ | 165 |
| **エビヅル** | 165 |
| エンメイチク | 190 |
| **エンレイソウ** | 215 |
| オオアラセイトウ | 37 |
| **オオイタドリ** | 33 |
| **オオイタビ** | 156 |
| **オオシマザクラ** | 125 |
| オオゼリ | 190 |
| オオツヅラフジ | 234 |
| **オオバギボウシ** | 66 |
| **オオバコ** | 89 |
| **オオマツヨイグサ** | 96 |
| オカジュンサイ | 32 |
| **オカヒジキ** | 182 |
| オギョウ | 18 |
| オグルミ | 150 |
| **オトコエシ** | 11 |
| オニウコギ | 75 |
| オニカンゾウ | 46 |
| **オニグルミ** | 150 |
| **オニドコロ** | 139 |
| 〈オニビシ〉 | 137 |
| **オニユリ** | 134 |
| オハギ | 14 |
| **オモト** | 236 |
| 〈オヤマボクチ〉 | 19 |
| **オランダガラシ** | 95 |
| オンコ | 172 |

## 【カ行】

| | |
|---|---|
| カカラ | 124 |
| **カキドオシ** | 29 |
| **カキノキ** | 174 |
| **カジイチゴ** | 123 |
| カシグルミ | 151 |
| 〈カジノキ〉 | 113 |
| **カシワ** | 124 |
| カシワギ | 124 |
| カタカゴ | 70 |
| **カタクリ** | 70 |
| **ガマズミ** | 142 |
| カミソリナ | 26 |
| **カヤ** | 173 |
| **カラスノエンドウ** | 41 |
| カラダケ | 84 |
| **カラハナソウ** | 126 |
| **カリン** | 174 |
| **カルミア** | 237 |
| **カロライナジャスミン** | 236 |
| カワラグミ | 159 |
| **カンイチゴ** | 164 |
| カンサイヨメナ | 14 |
| **カントウタンポポ** | 25 |
| **カントウヨメナ** | 15 |
| キイチゴ | 122 |
| **キクイモ** | 130 |

| | | | |
|---|---|---|---|
| **キケマン** | 207 | **クロイチゴ** | 123 |
| **ギシギシ** | 32 | クローバー | 40 |
| **キツネノカミソリ** | 212 | **グロリオサ** | 236 |
| キツネノチョウチン | 214 | クワ | 114 |
| **キツネノテブクロ** | 237 | **クワズイモ** | 222 |
| **キツネノボタン** | 201 | 〈ケキツネノボタン〉 | 201 |
| キミカゲソウ | 208 | ケシアザミ | 27 |
| 〈キュウリグサ〉 | 29 | **ゲットウ** | 125 |
| **ギョウジャニンニク** | 69 | 〈ケマンソウ〉 | 206 |
| ギョウジャノミズ | 165 | ゲルセミウム | 236 |
| **キョウチクトウ** | 224 | **ゲンゲ** | 39 |
| キレ | 140 | **ゲンノショウコ** | 127 |
| キンギンカ | 161 | **ケンポナシ** | 158 |
| **キンギンボク** | 107・223 | コウゾ | 113 |
| キンポウゲ | 200 | **コウゾリナ** | 26 |
| **クコ** | 143 | **コウメ** | 110 |
| **クサイチゴ** | 122 | **コオニタビラコ** | 28 |
| クサエンジュ | 199 | **コオニユリ** | 135 |
| **クサソテツ** | 72 | コーンサラダ | 10 |
| **クサノオウ** | 204 | コクワ | 145 |
| **クサボケ** | 160 | コゴミ | 72 |
| **クズ** | 98 | コゴメ | 72 |
| クビキ | 127 | コゴメイチゴ | 116 |
| **クマイチゴ** | 123 | **コシアブラ** | 74 |
| **クマザサ** | 127 | コジソウ | 104 |
| **クララ** | 199 | コジャク | 55 |
| **クリ** | 153 | コツノハシバミ | 149 |
| **クリスマスローズ** | 237 | コナシ | 161 |
| クルミ | 150 | **コバイケイソウ** | 217 |
| クレソン | 95 | **コバギボウシ** | 67 |
| クレタケ | 84 | **コハコベ** | 31 |

| | |
|---|---|
| 〈コヒルガオ〉 | 90 |
| ゴボウアザミ | 132 |
| **ゴマナ** | 60 |
| コメゴメ | 81 |
| コメノキ | 81 |
| コリンゴ | 161 |
| ゴンゼツ | 74 |
| ゴンゼツノキ | 74 |
| コンフリー | 237 |

## 【サ行】

| | |
|---|---|
| **ザクロ** | 175 |
| **ザゼンソウ** | 220 |
| サツキイチゴ | 122 |
| **サルトリイバラ** | 124 |
| **サルナシ** | 145 |
| **サワアザミ** | 23 |
| **サンカクヅル** | 165 |
| サンキライ | 124 |
| **サンショウ** | 80 |
| サンニン | 125 |
| シイ | 155 |
| シイノキ | 155 |
| **シオデ** | 48 |
| ジギタリス | 237 |
| **シキミ** | 235 |
| シキンソウ | 37 |
| シドケ（クサボケ） | 160 |
| シドケ（モミジガサ） | 59 |
| ジネンジョ | 138 |
| シバグリ | 153 |
| シビトバナ | 210 |
| **シャク** | 55 |
| 〈シャクナゲ〉 | 227 |
| シャゼンソウ | 89 |
| シャミセングサ | 35 |
| ジュウヤク | 127 |
| **ジュズダマ** | 127 |
| **ショカツサイ** | 37 |
| ショクヨウタンポポ | 24 |
| シラクチカズラ | 145 |
| **シラヤマギク** | 15 |
| **シロザ** | 94 |
| **シロツメクサ** | 40 |
| 〈シロバナエンレイソウ〉 | 215 |
| 〈シロバナマンジュシャゲ〉 | 211 |
| シロブナ | 152 |
| **スイカズラ** | 161 |
| **スイセン** | 213 |
| **スイバ** | 32 |
| スカンポ（イタドリ） | 33 |
| スカンポ（スイバ） | 32 |
| **スギナ** | 49 |
| スズフリバナ | 198 |
| **スズラン** | 208 |
| **スダジイ** | 155 |
| **スノキ** | 110 |
| **スベリヒユ** | 91 |
| **ズミ** | 161 |
| ズミ（ガマズミ） | 142 |
| **スミレ** | 38 |
| スモウトリグサ | 89 |

| | |
|---|---|
| **セイヨウカラシナ**・・・・・・・・・・・・・ 34 | **チョウセンアサガオ**・・・・・・・・・・・・・ 195 |
| **セイヨウタンポポ**・・・・・・・・・・・・・ 24 | **チョウセンゴミシ**・・・・・・・・・・・・・ 170 |
| セッコツボク・・・・・・・・・・・・・ 78 | ツキクサ・・・・・・・・・・・・・ 101 |
| **セリ**・・・・・・・・・・・・・ 8 | ツキミソウ・・・・・・・・・・・・・ 96 |
| センノキ・・・・・・・・・・・・・ 76 | ツクシ・・・・・・・・・・・・・ 49 |
| センボンワケギ・・・・・・・・・・・・・ 186 | **ツタウルシ**・・・・・・・・・・・・・ 231 |
| **ゼンマイ**・・・・・・・・・・・・・ 52 | **ツヅラフジ**・・・・・・・・・・・・・ 234 |
| ソバグリ・・・・・・・・・・・・・ 152 | **ツノハシバミ**・・・・・・・・・・・・・ 149 |
| | ツバキ・・・・・・・・・・・・・ 125 |
| **【タ行】** | **ツユクサ**・・・・・・・・・・・・・ 101 |
| 〈タカトウダイ〉・・・・・・・・・・・・・ 198 | ツリガネソウ・・・・・・・・・・・・・ 62 |
| **タガラシ**・・・・・・・・・・・・・ 202 | **ツリガネニンジン**・・・・・・・・・・・・・ 62 |
| **タケニグサ**・・・・・・・・・・・・・ 205 | **ツルナ**・・・・・・・・・・・・・ 180 |
| **タチシオデ**・・・・・・・・・・・・・ 48 | ツルユリ・・・・・・・・・・・・・ 236 |
| **タチツボスミレ**・・・・・・・・・・・・・ 38 | **ツワブキ**・・・・・・・・・・・・・ 21 |
| ダチュラ・・・・・・・・・・・・・ 195 | **テイカカズラ**・・・・・・・・・・・・・ 225 |
| タヅノキ・・・・・・・・・・・・・ 78 | **テウチグルミ**・・・・・・・・・・・・・ 151 |
| ダツラ・・・・・・・・・・・・・ 195 | テンナンショウ・・・・・・・・・・・・・ 221 |
| タデ・・・・・・・・・・・・・ 100 | **トウグミ**・・・・・・・・・・・・・ 117 |
| **タネツケバナ**・・・・・・・・・・・・・ 36 | **トウダイグサ**・・・・・・・・・・・・・ 198 |
| タビラコ・・・・・・・・・・・・・ 28 | 〈トウビシ〉・・・・・・・・・・・・・ 137 |
| タラ・・・・・・・・・・・・・ 77 | トキワアケビ・・・・・・・・・・・・・ 168 |
| **タラノキ**・・・・・・・・・・・・・ 77 | **ドクウツギ**・・・・・・・・・・・・・ 233 |
| タランボ・・・・・・・・・・・・・ 77 | **ドクゼリ**・・・・・・・・・・・・・ 9・190 |
| **チシマザサ**・・・・・・・・・・・・・ 85 | **ドクダミ**・・・・・・・・・・・・・ 127 |
| **チマキザサ**・・・・・・・・・・・・・ 125 | **ドクニンジン**・・・・・・・・・・・・・ 191 |
| チメクサ・・・・・・・・・・・・・ 11 | トコロ・・・・・・・・・・・・・ 139 |
| チャ・・・・・・・・・・・・・ 126 | トチ・・・・・・・・・・・・・ 148 |
| チャイブ・・・・・・・・・・・・・ 187 | トチナ・・・・・・・・・・・・・ 11 |
| **チャノキ**・・・・・・・・・・・・・ 126 | **トチノキ**・・・・・・・・・・・・・ 148 |
| チャンパギク・・・・・・・・・・・・・ 205 | トトキ・・・・・・・・・・・・・ 62 |

## 【ナ行】

- ナガジイ ･････････････････ 155
- ナガハシバミ ･･････････････ 149
- **ナズナ** ･･････････････････ 35
- **ナツグミ** ･･･････････････ 117
- **ナツハゼ** ･･･････････････ 111
- **ナツメ** ････････････････ 174
- **ナナカマド** ･････････････ 160
- ナルコラン ･･･････････････ 44
- **ナワシロイチゴ** ･････････ 122
- **ナワシログミ** ･･･････････ 127
- **ナンテンハギ** ･･･････････ 42
- ナンマイ ･････････････････ 81
- ニセアカシア ････････････ 121
- ニホンズイセン ･･････････ 213
- ニホンヤマナシ ･･････････ 162
- 〈ニリンソウ〉 ･････････ 71・203
- **ニワトコ** ･･･････････････ 78
- **ニンドウ** ･･･････････････ 161
- **ヌルデ** ････････････････ 229
- ネマガリタケ ････････････ 85
- **ノアザミ** ･･･････････････ 22
- 〈ノウルシ〉 ･･････････････ 198
- **ノカンゾウ** ････････････ 47
- **ノゲシ** ････････････････ 27
- **ノコンギク** ････････････ 15
- ノダフジ ･････････････････ 82
- ノヂシャ ･････････････････ 10
- ノビユ ･･･････････････････ 93
- **ノビル** ････････････････ 45
- **ノブキ** ････････････････ 21

- ノブドウ ････････････････ 167

## 【ハ行】

- **バイケイソウ** ･･････････ 216
- バカナス ････････････････ 194
- 〈ハクサンシャクナゲ〉 ･･････ 227
- **ハコベ** ････････････････ 30
- ハコベラ ･････････････････ 30
- ハジカミ ･････････････････ 80
- ハシギ ･･･････････････････ 81
- **ハシリドコロ** ･･･････････ 192
- ハゼ ･･･････････････････ 232
- **ハゼノキ** ･･･････････････ 232
- ハタツモリ ･･･････････････ 79
- **ハチク** ････････････････ 84
- ハチジョウソウ ･･････････ 178
- **ハナイカダ** ････････････ 108
- ハナダイコン ････････････ 37
- 〈ハナヒリノキ〉 ･･･････････ 228
- **ハハコグサ** ････････････ 18
- **ハマアザミ** ････････････ 23
- **ハマエンドウ** ･･････････ 184
- ハマゴボウ ･･･････････････ 23
- **ハマダイコン** ･･････････ 183
- ハマヂシャ ･･････････････ 180
- ハマナシ ････････････････ 161
- **ハマナス** ･･･････････････ 161
- **ハマボウフウ** ･･････････ 179
- **ハラン** ････････････････ 125
- バラン ･･････････････････ 125
- **ハリエンジュ** ･･････････ 121

| | | | |
|---|---|---|---|
| **ハリギリ** | 76 | ボウシバナ | 101 |
| **ハルジオン** | 16 | **ホウチャクソウ** | 44・214 |
| ハルジョオン | 16 | ホオ | 124 |
| ハルノノゲシ | 27 | ホオガシワ | 124 |
| **ハンゴンソウ** | 61 | **ホオノキ** | 124 |
| ヒカゲイノコヅチ | 92 | **ホソアオゲイトウ** | 93 |
| **ヒガンバナ** | 210 | **ボタンボウフウ** | 179 |
| ヒシ | 136 | 〈ホトケノザ〉 | 29 |
| ヒナタイノコヅチ | 92 | ホトケノザ（コオニタビラコ） | 28 |
| **ヒメウコギ** | 75 | **ホンガヤ** | 173 |
| **ヒメコウゾ** | 113 | ホンタデ | 100 |
| **ヒメジョオン** | 17 | | |
| ヒメタケ | 85 | **【マ行】** | |
| ヒョウタンボク | 223 | マーシュ | 10 |
| **ヒルガオ** | 90 | 〈マグワ〉 | 115 |
| **ヒレハリソウ** | 237 | **マコモ** | 140 |
| **ビワ** | 175 | **マタタビ** | 144 |
| ビンボウカズラ | 43 | マタデ | 100 |
| フーチバー | 12 | **マツブサ** | 170 |
| **フキ** | 20 | **マテバシイ** | 154 |
| **フジ** | 82 | マトリグサ | 199 |
| 〈フジアザミ〉 | 133 | ママッコ | 108 |
| フジザクラ | 119 | **マムシグサ** | 221 |
| フシノキ | 229 | **マメザクラ** | 119 |
| ブタイモ | 130 | マンジュシャゲ | 210 |
| フタバハギ | 42 | マンダラゲ | 195 |
| **ブナ** | 152 | マンネンチク | 190 |
| **フユイチゴ** | 164 | ミコシグサ | 127 |
| **ベニバナボロギク** | 88 | ミズ | 102 |
| ペンペングサ | 35 | ミズガラシ | 95 |
| ホウコグサ | 18 | ミズナ | 102 |

| | |
|---|---|
| **ミズバショウ** ・・・・・・・・・・・・・・ 218 | |
| **ミツバ** ・・・・・・・・・・・・・・・・・・・・ 54 | |
| **ミツバアケビ** ・・・・・・・・・・・・・・ 169 | |
| **ミツバウツギ** ・・・・・・・・・・・・・・ 81 | |
| ミツバゼリ ・・・・・・・・・・・・・・・・・・ 54 | |
| ミドリハコベ ・・・・・・・・・・・・・・・・ 30 | |
| ミヤコダラ ・・・・・・・・・・・・・・・・・・ 76 | |
| **ミヤマイラクサ** ・・・・・・・・・・・・・・ 64 | |
| **ミヤマウグイスカグラ** ・・・・・・・・ 107 | |
| **ミヤマキケマン** ・・・・・・・・・・・・ 207 | |
| ミルナ ・・・・・・・・・・・・・・・・・・・・ 182 | |
| 〈ムカゴイラクサ〉 ・・・・・・・・・・・・ 65 | |
| ムク ・・・・・・・・・・・・・・・・・・・・・・ 157 | |
| ムクエノキ ・・・・・・・・・・・・・・・・ 157 | |
| **ムクノキ** ・・・・・・・・・・・・・・・・・・ 157 | |
| **ムベ** ・・・・・・・・・・・・・・・・・・・・ 168 | |
| **ムラサキケマン** ・・・・・・・・・・・・ 206 | |
| ムラサキハナナ ・・・・・・・・・・・・・・ 37 | |
| ムラサキビユ ・・・・・・・・・・・・・・・・ 93 | |
| メグサリ ・・・・・・・・・・・・・・・・・・ 116 | |
| **メマツヨイグサ** ・・・・・・・・・・・・・・ 97 | |
| 〈モウソウチク〉 ・・・・・・・・・・・・・・ 84 | |
| モグサ ・・・・・・・・・・・・・・・・・・・・ 12 | |
| モチガシワ ・・・・・・・・・・・・・・・・ 124 | |
| モチグサ ・・・・・・・・・・・・・・・・・・ 12 | |
| **モミジイチゴ** ・・・・・・・・・・・・・・ 122 | |
| **モミジガサ** ・・・・・・・・・・・・・・・・ 59 | |
| モミジソウ ・・・・・・・・・・・・・・・・・・ 59 | |
| **モリアザミ** ・・・・・・・・・・・・・・・・ 132 | |

## 【ヤ行】

| | |
|---|---|
| **ヤナギイチゴ** ・・・・・・・・・・・・・・ 116 | |
| **ヤナギタデ** ・・・・・・・・・・・・・・・・ 100 | |
| ヤネフキザサ ・・・・・・・・・・・・・・ 125 | |
| **ヤハズエンドウ** ・・・・・・・・・・・・・・ 41 | |
| ヤブアザミ ・・・・・・・・・・・・・・・・ 132 | |
| **ヤブカラシ** ・・・・・・・・・・・・・・・・ 43 | |
| ヤブガラシ ・・・・・・・・・・・・・・・・・・ 43 | |
| **ヤブカンゾウ** ・・・・・・・・・・・・・・ 46 | |
| ヤブケマン ・・・・・・・・・・・・・・・・ 206 | |
| **ヤブツバキ** ・・・・・・・・・・・・・・・・ 125 | |
| **ヤブレガサ** ・・・・・・・・・・・・・・・・ 58 | |
| ヤマイチジク ・・・・・・・・・・・・・・ 156 | |
| **ヤマウコギ** ・・・・・・・・・・・・・・・・ 75 | |
| **ヤマウルシ** ・・・・・・・・・・・・・・・・ 230 | |
| ヤマグリ ・・・・・・・・・・・・・・・・・・ 153 | |
| **ヤマグワ** ・・・・・・・・・・・・・・・・・・ 114 | |
| ヤマグワ（ヤマボウシ） ・・・・・・ 146 | |
| **ヤマザクラ** ・・・・・・・・・・・・・・・・ 118 | |
| **ヤマトリカブト** ・・・・・・・・・・・・ 203 | |
| **ヤマドリゼンマイ** ・・・・・・・・・・・・ 53 | |
| **ヤマナシ** ・・・・・・・・・・・・・・・・・・ 162 | |
| ヤマニンジン ・・・・・・・・・・・・・・・・ 55 | |
| ヤマニンニク ・・・・・・・・・・・・・・・・ 69 | |
| **ヤマノイモ** ・・・・・・・・・・・・・・・・ 138 | |
| 〈ヤマブキソウ〉 ・・・・・・・・・・・・ 204 | |
| 〈ヤマフジ〉 ・・・・・・・・・・・・・・・・ 83 | |
| **ヤマブドウ** ・・・・・・・・・・・・・・・・ 166 | |
| **ヤマボウシ** ・・・・・・・・・・・・・・・・ 146 | |
| **ヤマモモ** ・・・・・・・・・・・・・・・・・・ 112 | |
| **ヤマラッキョウ** ・・・・・・・・・・・・・・ 45 | |

| | |
|---|---|
| **ユキザサ**・・・・・・・・・・・・・・・ 68 | **リョウブ**・・・・・・・・・・・・・・・ 79 |
| **ユキノシタ**・・・・・・・・・・・・・ 104 | **ルピナス**・・・・・・・・・・・・・・ 236 |
| **ユズ**・・・・・・・・・・・・・・・・・ 175 | レンゲ・・・・・・・・・・・・・・・・・・ 39 |
| **ユスラウメ**・・・・・・・・・・・・・ 174 | レンゲソウ・・・・・・・・・・・・・・・ 39 |
| ユリグルマ・・・・・・・・・・・・・・ 236 | **レンゲツツジ**・・・・・・・・・・・ 226 |
| **ヨウシュヤマゴボウ**・・・・・・・ 196 | ロウノキ・・・・・・・・・・・・・・・・ 232 |
| ヨソゾメ・・・・・・・・・・・・・・・・ 142 | |
| ヨツズミ・・・・・・・・・・・・・・・・ 142 | **【ワ行】** |
| **ヨメナ**・・・・・・・・・・・・・・・・・ 14 | ワイルドチャービル・・・・・・・・・ 55 |
| ヨメノナミダ・・・・・・・・・・・・・ 108 | **ワサビ**・・・・・・・・・・・・・・・・・ 63 |
| **ヨモギ**・・・・・・・・・・・・・・・・・ 12 | ワスレグサ・・・・・・・・・・・・・・・ 46 |
| | ワセイチゴ・・・・・・・・・・・・・・ 122 |
| **【ラ行】** | **ワラビ**・・・・・・・・・・・・・・・・・ 50 |
| リュウキュウハゼ・・・・・・・・・・ 232 | |

## 主要な参考図書・文献

『里山の植物ハンドブック』 NHK出版
『里山の草花ハンドブック』 NHK出版
『図説 草木名彙辞典』 柏書房
『図説 花と樹の大事典』 柏書房
『学研の大図鑑 危険・有毒生物』 学習研究社
『野草の料理』 神無書房
『花の歳時記 春』 講談社
『花の歳時記 夏』 講談社
『花の歳時記 秋』 講談社
『花の歳時記 冬・新年』 講談社
『ハーブスパイス館』 小学館
『日本帰化植物写真図鑑 —Plant invader600種—』 全国農村教育協会
『日本の固有植物』 東海大学出版会
『万葉集に歌われた草木』 冬至書房
『見つけたその場ですぐわかる山菜ガイド』 永岡書店
『よくわかる山菜大図鑑』 永岡書店
『身近な草木の実とタネハンドブック』 文一総合出版
『日本の野生植物 草本Ⅰ 単子葉類』 平凡社

『日本の野生植物 草本Ⅱ 離弁花類』 平凡社
『日本の野生植物 草本Ⅲ 合弁花類』 平凡社
『日本の野生植物 木本Ⅰ』 平凡社
『日本の野生植物 木本Ⅱ』 平凡社
『日本の野生植物 シダ』 平凡社
『日本の帰化植物』 平凡社
『日本維管束植物目録』 北隆館
『牧野新日本植物図鑑』 北隆館
『資料 日本植物文化誌』 八坂書房
『山溪ハンディ図鑑1 野に咲く花』 山と溪谷社
『山溪ハンディ図鑑2 山に咲く花』 山と溪谷社
『山溪ハンディ図鑑3 樹に咲く花 離弁花①』 山と溪谷社
『山溪ハンディ図鑑4 樹に咲く花 離弁花②』 山と溪谷社
『山溪ハンディ図鑑5 樹に咲く花 合弁花・単子葉・裸子植物』 山と溪谷社
『四季の摘み菜12カ月』 山と溪谷社
『山の幸―山菜BEST65・木の実BEST45・きのこBEST50』 山と溪谷社

### ウェブページ

BG Plants －千葉大学
　http://bean.bio.chiba-u.jp/bgplants/index.html
有毒植物による食中毒に注意しましょう（厚生労働省）
　http://www.mhlw.go.jp/seisakunitsuite/bunya/kenkou_iryou/shokuhin/yuudoku/
自然毒のリスクプロファイル（厚生労働省）
　http://www.mhlw.go.jp/topics/syokuchu/poison/
「健康食品」の安全性・有効性情報（独立行政法人 国立健康・栄養研究所）
　https://hfnet.nih.go.jp/
写真で見る家畜の有毒植物と中毒（独立行政法人 農業・食品産業技術総合研究機構）
　http://www.naro.affrc.go.jp/org/niah/disease_poisoning/plants/contents.html
山菜と間違えやすい有毒植物の見分け方（東京都薬用植物園）
　http://www.tokyo-eiken.go.jp/assets/plant/yudoku-top.html
科学技術総合リンクセンター（独立行政法人 科学技術振興機構）
　http://jglobal.jst.go.jp/
日本のレッドデータ検索システム
　http://www.jpnrdb.com/index.html
USDA Plant Database（アメリカ合衆国農務省）
　http://plants.usda.gov/java/
国立生物工学情報センター・アメリカ国立医学図書館――生物・医学関係の文献検索
　http://www.ncbi.nlm.nih.gov/pubmed

上記のほか、国内外の科学論文、学会発表、官公省や都道府県、保健所、博物館、大学、海外の政府機関や研究機関などのウェブページやインターネット情報などを多数参照しています。

**監修　多田多恵子**（ただ・たえこ）

東京都生まれ。東京大学大学院博士課程修了、理学博士。現在、立教大学・東京農工大学・国際基督教大学非常勤講師。専門は植物生態学。主な研究テーマは、植物の生存・繁殖戦略、および虫や動物との相互関係。著書に『街路樹の散歩みち』（山と渓谷社）、『したたかな植物たち』（SCC）、『身近な植物に発見！種子たちの知恵』（NHK出版）、『野に咲く花の生態図鑑』（河出書房新社）など多数ある。

**写真　今井國勝**（いまい・くにかつ）

1938年東京都生まれ。長野県霧ヶ峰高原で山小屋の管理をしながら植物を中心とした自然写真を撮りはじめ、現在は長野県筑北村に移り住み撮影を続ける。植物のもつ能力を利用した、あらゆる分野での伝統文化をテーマに撮影記録中。著書に『ユリのふしぎ』（あかね書房）、『よくわかる山菜大図鑑』（永岡書店・共著）などがある。

**採取法・料理法の原稿執筆　今井万岐子**（いまい・まきこ）

1943年東京都生まれ。今井國勝氏との霧ヶ峰高原の生活の中で、自然との対話の素晴らしさを知る。幅広い執筆活動を続け、スローフードを中心に風土の景色をからめた紀行文を構想。著書に『見つけたその場ですぐわかる山菜ガイド』『よくわかる山菜大図鑑』（以上、永岡書店・共著）、『テンはロッジのお客さん』（あかね書房）などがある。

装丁・本文デザイン●亀井優子・向阪伸一（ニシ工芸株式会社）
編集協力●佐藤浩一・三谷英生（ネイチャー・プロダクション）
　　　　　佐藤俊江
校　　正●米沢英子
イラスト●福本えみ
写真協力●植原彰・北村治・多田多恵子・田中肇・筒井千代子・前園泰徳・山田隆彦

## 里山の山菜・木の実ハンドブック

発行日　2013（平成25）年4月15日　第1刷発行

監　修　多田多恵子
写　真　今井國勝
編　者　NHK出版
ⓒ 2013 Tada Taeko／Imai Kunikatsu／Nature Production／NHK Publishing, Inc.
発行者　溝口明秀
発行所　NHK出版
　　　　〒150-8081 東京都渋谷区宇田川町41-1
　　　　電話　03-3780-3303（編集）
　　　　　　　0570-000-321（販売）
　　　　ホームページ　http://www.nhk-book.co.jp
　　　　振替　00110-1-49701
印　刷　凸版印刷
製　本　凸版印刷

乱丁・落丁本はお取り替えいたします。
定価はカバーに表示してあります。
Ⓡ 本書の無断複写（コピー）は著作権法上の例外を除き、著作権侵害となります。

Printed in Japan
ISBN 978-4-14-040264-1 C2561